Automobiltechnische Bibliothek Band XII

Ghittis, Grundlagen des Automobilbaues

Automobiltechnische Bibliothek

Die Automobiltechnik in Einzeldarstellungen

Band I. **Der Automobilmotor und seine Konstruktion** von W. Pfitzner und A. G. v. Loewe, Diplom-Ingenieure.

Band II. **Der Automobilzug des Colonel Charles Renard** von W. A. Th. Müller, Ober-Ingenieur.

Band III. **Automobilvergaser** von Heinrich Dechamps, Diplom-Ingenieur.

Band IV. **Die Kugellagerungen** von Aug. Bauschlicher, Ingenieur.

Band V. **Der Konstruktionsstahl und seine Mikrostruktur** von A. Haenig, Ingenieur.

Band VI. **Das Fahrgestell von Gaskraftwagen** von Prof. Dr.-Ing. R. Lutz. 3 Teile.

Band VII. **Die Leistungsverluste und die Abfederung von Kraftfahrzeugen** von Dr.-Ing. Erich Bobeth.

Band VIII. **Konstruktionsberechnungen von Kraftfahrzeugen** und die Organisation des Konstruktionsbüros von Dipl.-Ing. A. G. von Loewe.

Band IX. **Die Schmierung leichter Verbrennungsmotoren** von K. R. H. Praetorius, Ingenieur.

Band X. **Die Kühlung leichter Verbrennungsmotoren** von K. R. H. Praetorius, Ingenieur.

Band XI. **Das Motorrad und seine Konstruktion** von Curt Hanfland, Ingenieur.

Band XII. **Grundlagen des Automobilbaues** von Prof. Dipl.-Ing. W. Ghittis.

Verlag von M. KRAYN / BERLIN W

Grundlagen des Automobilbaues

Von

Prof. Dipl.-Ing. W. Ghittis

Petersburg

Mit 98 Abbildungen

BERLIN W

VERLAG von M. KRAYN

1924

Vorwort.

Der Motorwagen stellt ein ganzes, ungetrenntes System dar und nur von diesem Standpunkte aus betrachtet, kann er vollständig untersucht und der organische Zusammenhang zwischen seinen Elementen gefunden werden.

Die Untersuchung der Bewegungs- und Widerstandsmomente, die beim Motorwagen auftreten, sowie die Untersuchung der Bedingungen und Erscheinungen, die sich bei dem in Bewegung befindlichen Motorwagen ergeben, bilden den Inhalt der vorliegenden Arbeit.

Den Ausgangspunkt bildet die Bewegungsgleichung des Motorwagens, wodurch auch der Inhalt des Stoffes charakterisiert ist. Dieser Ausgangspunkt verlangt eine besondere Untersuchung des Automobilmotors, der als Quelle der Bewegungsmomente, gemäß Gleichung $N = f(n)$, betrachtet wird.

Einzelne Teile der vorliegenden Arbeit bilden den Inhalt von Vorträgen und Seminarvorlesungen, die vom Verfasser in den Jahren 1919—1922 in polytechnischen und techno-pädagogischen Instituten gehalten wurden.

An dieser Arbeit, sowie weiteren Entwicklung des Stoffes haben die Herren Dipl.-Ing. A. Guchmann und W. Petrowitsch regen Anteil genommen.

Eine große Anzahl von Schaulinien mußte leider in Form von Tabellen gebracht werden. Im Bedarfsfalle kann jedoch die gewünschte Schaulinie leicht an Hand der Tabelle aufgezeichnet werden, die nur wenig Zeit und Mühe beansprucht.

Petersburg 1923.

Der Verfasser.

Inhaltsverzeichnis.

Literaturverzeichnis.

1. Archbutt & Deerley, Le graissage 1915
2. Both, Liquid Fuel . . . . —
3. Brown, Handbook of Carburation 1916
4. Brewer, Carburation . . . . —
5. Bale, Gas and Oil Engines Management . . . . —
6. Brate, Farm Gas Engines . . . . —
7. Bobeth, Leistungsverluste und Abfederung von Kraftwagen . . . . . —
8. Berry, T-S Diagramm 1913
9. Banki, Energie-Umwandlung in Flüssigkeiten 1921
10. Burstall, Energie Diagramm for Gas 1912
11. Buch-Lehmbeck, Auto-Rahmen 1913
12. Buch-Lehmbeck, Autosteuerungen 1917
13. Buch, Automobil-Getriebe und Kupplungen 1920
14. Bauschlicher, Kühlung und Kühlvorrichtungen 1920
15. Broos, Automobil-Handbook 1913
16. Boulvin, Theorie des machines thermiques 1905
17. Brewer, Motor Car Construktion 1912
18. Cabot, Les automobiles et leurs moteurs 1910
19. Cabot, Guide pratique du Chauffeur 1907
20. Conner, Gas Engines Pocket Book 1907
21. Cardullo, Praktical Thermodynamique . . . . —
22. Calvazara, Motori a gas 1913
23. Carles, Anatomie de la voiture automobile 1913
24. Clerk & Burls, Gas, Petrol and Oil-Engines I—II 1913
25. Deschamps, Automobilvergaser 1922
26. Ennis, Applied Thermodynamiks for Engineer 1916
27. Favron, Construktion automobile 1916
28. Garrad, Gas, Oil and Petrol Engines 1916
29. Garuffa, Motori a scoppio 1916
30. Garuffa, Motori a combustione interna 1915
31. Heller, Motorwagenbau 1922
32. Haber, Thermodynamik technischer Gasreaktionen 1905
33. Joudge, High Speed Internal Combustion Engines 1916
34. Jouguet, Theorie des moteurs thermiques 1909
35. Kennedy, Book of the Motor Car . . . . —
36. Klein, Zündmomentverstellung . . . . —
37. Lacoin, Construktion et reglage des moteurs . . . . —
38. Laurenti, Le motrici ad explosione 1916
39. Löewe, Konstruktionsberechnungen von Kraftfahrzeugen 1915

40. Lutz, Fahrgestell von Gaskraftwagen 1922
41. Laland, et Noalhat, Elements de thermodynamique 1911
42. Lehmbeck, Handbuch des Automobilbaues 1909
43. Lehmbeck & Isendal, Berechnung u. Konstruktion v. Automobil-Motoren 1911
44. Loeffler, Mechanische Triebwerke und Bremsen 1912
45. Lorenz, Technische Wärmelehre 1912
46. Menzel, Automobilvergaser 1922
47. Marie, Formule de stabilite de l'automobile . . . . —
48. Magg, Steuerung von Verbrennungsmotoren 1914
49. Müller, Der Automobilzug 1907
50. Martinot La Garde, le moteur a explosion . . . . —
51. Martinot La Garde, le Moteur d'aviation . . . . —
52. Moritz, Les moteurs thermique dans leur rapport avec la thermodynamique 1913
53. Marschis, Les moteurs d'automobiles 1905
54. Mathot, Constructions et fonctionnement des moteurs a combustion interne 1909
55. Nernst, Theoretische Chemie 1921
56. Ostertag, Entropiediagramme der Verbrennungsmaschinen 1923
57. Pedretti, Il meccanico Chauffeur 1916
58. Pfitzner-Loewe, Der Automobilmotor 1922
59. Petit, Les moteurs 1915
60. Petit, Le pneumatique 1912
61. Petot, Etude dynamiques de l Automobile 1906
62. Pourriez, Vous me dire . . . . —
63. Pomini, macchina a Gas 1911
64. Poincare, Thermodynamique 1908
65. Plank, Vorlesungen über Thermodynamik 1922
66. Randal, Heat 1913
67. Riedler, Wissenschaftliche Automobilwertung 1912
68. Loeffler-Riedler, Ölmaschinen 1915
69. Schoetler, Gasmaschinen 1909
70. Schule, Technische Thermodynamik I—II 1923
71. Sorel, Carburation et combustion dans le moteur a alcool 1904
72. Buseiler, Autotechnisches Handbuch 1922
73. Valentin, Fabrikation von Motoren und Automobilen 1915
74. Wimperis, Internal combustion Engines 1915
75. Winkler, Entwerfen von leichten Benzinmotoren 1922
76. Donath-Gröger, Treibmittel der Kraftfahrzeuge 1917
77. Held-Isendal, Automobilbau Band I—II 1922
78. Stephan, Technische Mechanik 1922
79. Seufert, Berechnung von Verbrennungsmaschinen 1920
80. Gramberg, Maschinentechnisches Versuchswesen 1921
81. Repport of Committee on Prime Power 1920
82. Repport of Committee on Prime Power 1921
83. Smoyer, Autoreparing . . . . —
84. Sterling, Internal Combustion Engines 1917
85. Streeter, Internal Combustion Engines 1915
86 Loew, Das Automobil 1921
87. Loew, Neuere Vergaser 1920
88. Martin, Thermodynamik 1916

89. Moyer & Calderwood, Engineering Thermodynamics 1915
90. Green, Heat Engineering 1915
91. Hershfeld & Barnard, Elements of Heat Power Engineering . . 1915
92. Lorentz, Lehrbuch der Physik . . . . —
93. Karapetoff, Thermodynamic . . . . —
94. Witz, Traite des Moteurs I—III . . . . —
95. Barsch, Motorpfluge 1920
96. Reise, Karosseriebau 1921
97. Pulz, Kühlung und Kühler von Flugmotoren 1920
98. Hofmann, Grundlagen für den Bau von Kraftwagen 1912
99. Huser, Erschütterungen schwerer Fahrzeugmotoren 1920
100. Modersohn, Regelung der Ölmaschinen 1919
101. Barsch, Berechnung von Motorpflügen 1918
102. Granzer, Schnellaufende Verbrennungsmaschinen 1922
103. Dechamps & Kutzbach, Prüfung, Wertung und Weiterentwicklung von Flugmotoren 1921
104. Krüger, Tanks 1921
105. König, Kosten des Automobilbetriebes 1922
106 Seiliger, Graphische Thermodynamik 1922
107. Wydler, Drehschwingungen in Kolbenmaschinenanlagen 1922
108. Müller, Flugmotoren 1918
109. Donath-Gröger, Flüssige Brennstoffe 1914
110. Becker, Vervollkommnung der Verbrennungsmotoren durch Leichtmetall-Kolben 1922
111. Becker, Schnell-Lastwagen mit Riesenluftreifen 1923
112. Berryand Kegerneis, The Carburation of Gasolin 1920
113. Guchmann, Über den volumetrischen Wirkungsgrad (Aserbajdyan Naphta-Wirtschaft) 1922
114. Ghittis, Verbrennungskraftmaschinen (Petrograd) 1923

Zeitschriften.

1. Теплоход.
2. Вестник Инженеров — О-ва Технологов.
3. Труды Комиссии по исследованию топлива.
4. Automobil Engineer.
5. Motor — London.
6. Motor — Stockholm.
7. Engineer.
8. Engineering.
9. Motorwagen.
10. La Vie automobile.
11. Forschungsarbeiten.
12. Ölmotor.
13. Gasmotorentechnik.
14. Power.
15. Zeitschrift des Vereins Deutscher Ingenieure.
16. Nachrichten des Vereins Deutscher Ingenieure.
17. Revue de Mechanique.
18. Le Genie Civil.
19. The Automobil.
20. Automotiv Industries.
21. Mechanical Engineer.
22. Wirtschaftsmotor.
23. Motor Traction.
24. Motor Age.
25. Autocar.
26. Gas and Oil Power.
27. Motor Sycle.
28. Motor Sycling.
29. Il Politechnico.
30. Der Praktische Maschinenkonstrukteur.
31. Technik und Wirtschaft.
32. Maschinenbau.
33. Автомобиль.
34. Мотор.
35. Техника и снабжение Кр. Армии.
36. Horseles Age.
37 Journal of the Society of Automotive Engineers.

Bezeichnungen

(So weit nichts näheres angegeben ist).

B = Brennstoffverbrauch kg

Be = Spez. Brennstoffverbrauch kg/PS/st

Cv = „ Wärme bei v = Const.

Cp = „ „ „ p = „

D = Zylinderbohrung

f = Koeffizient der rollenden Reibung

i = Zylinderanzahl

J = Trägheitsmoment

K = Constante

L = Luftmenge kg

h = Gemischheizwert

H = Brennstoffheizwert Kal.

Ho = Molekularwärme bei $T = O$ Kal.

m = Übersetzungsverhältnis

M = Kraftmoment

Ne = Effektive Motorleistungen PS

Ni = Indizierte „

N_1 = Arbeitsleistung für Hilfsmechanismen PS

N_2 = „ „ Kolbenreibung hervorgezogen durch Explosionsdruck PS

N_3 = „ „ „ hervorgerufen durch Massendruck

p_1 = Gasdruck am Anfang der Saugung kg/cm²

p_4 = Mischungsdruck am Ende „ „ „

p_5 = Verdichtungsdruck „

p_6 = Explosionsdruck „

p_r = Ausdehnungsdruck „

p^g = Gas-Parzialdruck „

p^m = Mischungs-Parzialdruck „

p_n = 10333 kg/cm²

R = Gaskonstante

S = Kolbenhub, Weglänge m

T_r = 288° C

T = Temperatur

T_1 = Auspuff-Temperatur abs

T_4 = Temperatur am Ende des Saughubes

T_5 = Verdichtungstemperatur

T_6 = Explosionstemperatur

t = Temperatur ⁰C
U — Wärme-Energie
Q = Wagengewicht kg
Q_h = Bremsgewicht des Wagens kg
Q_{wand} = Wärmeaustausch mit der Zylinderwand
Q_a = Adhäsionsgewicht des Wagens kg
q = Gewicht der Wagenbrücke „
w = Wagenwiderstand „
w_1 = Rollwiderstand „
w_2 = Widerstand auf Steigungen „
w_3 = Luftwiderstand „
w_4 = Wagenbeschleunigungswiderstand „
v = Geschwindigkeit
α = Luftüberschuß
β = Wagenbeschleunigung m/s
γ = Spez. Gewicht
μ = Adhäsionskoeffizient
ω = Umfangsgeschwindigkeit
ε = Verdichtungsgrad.

I. Die Bewegungsgleichung des Motorwagens.

An den in Bewegung befindlichen Motorwagen unterscheidet man zwei Arten von Momenten, u. z. Bewegungsmomente M und Widerstandsmomente W, die sich als Funktion vieler Veränderlicher darstellen lassen.

$$M = f\,(a, b, c \;.\;.\;.\;.\;.\; x) \qquad 1.)$$

$$W = F\,(A, B, C \;.\;.\;.\;.\;.\; X) \qquad 2.)$$

Die Gleichung für den im Beharrungszustande befindlichen Wagen ist $M = W$.

$$f\,(a, b, c \;.\;.\;.\;.\; x) = F\,(A, B, C \;.\;.\;.\;.\; X) \qquad 3.)$$

Die Faktoren, die die Leistung des Motores bedingen, sind:

a) Energie des Brennstoffs.

b) Wärmeverluste.

c) Mechanische Verluste.

Ist der Zylinderfühlungsgrad η_v, so ist

$$B = \frac{\pi D^2}{4} \cdot s \cdot \eta_v \cdot \frac{n}{120} \cdot \gamma \qquad 4.)$$

und

$$L = K_1 \cdot D^2 \cdot s \cdot n \cdot \eta_m \cdot \eta_v \cdot \eta_t \cdot h \qquad 5.)$$

Der Gesamtwiderstand, der vom Motor zu überwinden ist, setzt sich zusammen aus

a) Rollwiderstand w_1

b) Steigungswiderstand w_2

c) Luftwiderstand w_3

d) Reibungsverluste im Motorwagen.

Auf Grund von Versuchsergebnissen ist

$$w_1 = f \cdot Q \qquad 6.)$$

$$w_2 = 0{,}01 \cdot h \cdot Q \qquad 7.)$$

$$w_3 = 0{,}0052\, u \cdot F \cdot v^2 \qquad 8.)$$

worin Q = Gewicht des Motorwagens, f = Koeffizient der rollenden Reibung, h = Steigung in Prozenten, F = Fläche die zur Windrichtung senkrecht steht und v = Geschwindigkeit des Motorwagens ist.

Bezeichnet ferner η' den mechanischen Wirkungsgrad des Getriebes (vom Motor bis zu den Treibrädern) und m das Übersetzungsverhältnis zwischen Motor zu den Rädern, so ist

$$W = \frac{Q \cdot f \cdot v + 0{,}01\, h \cdot Q \cdot v + 0{,}0052 \cdot u \cdot F \cdot v^3}{m \cdot \eta'} \quad . \; . \; . \; . \; . \; 9.)$$

und folglich

$$K_1 \cdot D^2 \cdot s \cdot n \cdot \eta_m \cdot \eta_v \cdot \eta_t \cdot h = \frac{Q \cdot f \cdot v + 0{,}01 \cdot h \cdot Q \cdot v + 0{,}0052 \cdot u \cdot F \cdot v^3}{m \cdot \eta'} \quad 10.)$$

Die Gleichung 10 stellt die Bewegungsgleichung des Motorwagens dar. Ändert sich der Widerstand, so werden die beiden Teile der Gleichung nicht mehr übereinstimmen. Die Richtigkeit der Gleichung kann nur durch entsprechende Änderung der Werte h, η_v und m wieder erreicht werden.

II. Untersuchung der Widerstandskräfte.

Der Rollwiderstand eines rollenden Motorwagenrades, ist von dem auf dem Rade lastenden Druck und von der Beschaffenheit der Fahrbahn abhängig.

$$W_1 = Q' \cdot f \qquad 11.)$$

worin f einen Erfahrungskoeffizient bedeutet.

Bezeichnet man mit Q', Q'', Q''', Q'''' die Radbelastungen, so wird der Rollwiderstand

$$W_1 = Q' \cdot f' + Q'' \cdot f'' + Q''' \cdot f''' + Q'''' \cdot f'''' \qquad 12.)$$

oder mit genügender Genauigkeit, wenn $f' = f'' = f''' = f'''' = f$ und $Q' + Q'' + Q''' + Q'''' = Q$

$$W_1 = Q \cdot f. \qquad 13.)$$

In Tabelle I sind die Rollwiderstandskoeffizienten für verschiedene Straßendecken angegeben.

Tabelle I.

Straßendecke v km/st	16	20	22
Asphalt	0,018	0,0195	0,0203
Holzpflaster	0,022	0,0225	0,0235
Makadam	0,021	0,023	0,025
Granitpflaster	0,0235	0,027	0,0299
Schlackenbelag	0,025	0,028	0,0295

Nach amerikanischen Versuchen aus dem Jahre 1917 kann die Größe des Rollwiderstandes angenommen werden:

a) für große Lastwagen

bei

$v > 12$ $\qquad f = 17{,}6 + \frac{6}{400} V + \frac{V^2}{80}$ kg/t

$v = 13 - 21$ $\qquad f = 20{,}3 \sqrt[2{,}5]{\frac{V}{12}}$ kg/t

$v = 21 - 36$ $\qquad f = 25{,}1 \left(\frac{V}{21}\right)^{1{,}25}$ kg/t

b) für leichte Wagen

$v = 16 - 24$	$f = 14{,}5 + \frac{V}{4}$ kg/t	für Asphalt
$v = 16 - 23$	$f = 18 + \frac{V}{4}$ kg/t	„ Holzpflaster und gute Straßendecken
$v = 14 - 23$	$f = 24 - \frac{2}{3} V + \frac{V^2}{30}$	„ Chaussee
$v = 12 - 21$	$f = 36{,}5 - \frac{3}{4} V + \frac{V^2}{30}$	„ Landstraße
$v = 15 - 23$	$f = 17{,}5 + \frac{V^2}{40}$	„ Granitpflaster

Liegt der Fall vor, daß ein nicht elastisches Rad auf einer elastischen Lauffläche (lockerer Boden) abrollt (Traktor mit eisernen Rädern), so können die elastischen Formänderungen der Räder und der Lauffläche

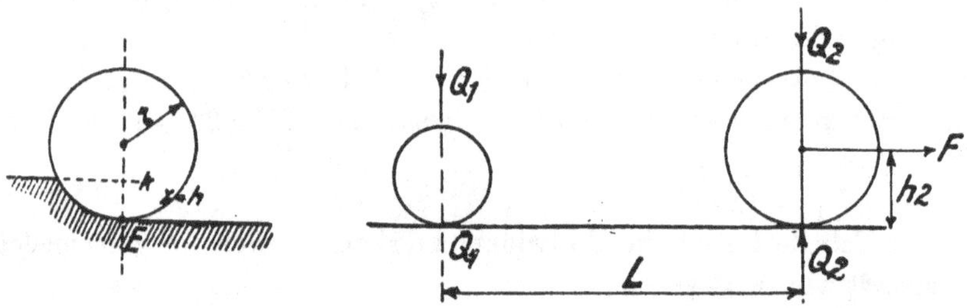

Abb. 1.

außer acht gelassen werden und sind nur die bleibenden Formänderungen des Bodens in Rechnung zu stellen. Um die Rechnung zu vereinfachen, setzen wir voraus, daß der Rollwiderstand nur von der Arbeit, die für das Zusammendrücken des Bodens notwendig ist, abhängt. Dann wird nach Abb. 1, wenn x die Tiefe und a die Fläche des eingesunkenen Rades bedeutet

$$W_1 = f \cdot x \cdot a \quad \ldots \ldots \quad 14.)$$

Ist b die Radbreite und G das auf dem Rad lastende Gewicht, so erhält man das Volumen, das von dem Rade verdrängt worden ist, wenn durch E eine Parabel $y^2 = 2\,rx$ gezogen wurde, mit $V = {}^2/_3 b \cdot h \cdot y$.

Da $x = h$ und das auf das Rad entfallende Gewicht

$$G = {}^2/_3 b \cdot h \cdot y \cdot f \quad \ldots \ldots \quad 15.)$$

so wird $G = {}^2/_3 f \cdot b \cdot \sqrt{2r \cdot h^3}$ . . . . 16.)

Bewegt sich das Rad um die Strecke s weiter, so wird die Widerstandsarbeit

$$W_1\, s = \frac{f \cdot s \cdot b \cdot h}{2} \cdot h$$

da $W_1 = \frac{f \cdot b \cdot h^2}{2}$

und $f = \frac{3\,G}{2\,b\,\sqrt{r\,h^3}}$ . . . . (17.)

ferner $h = \frac{1}{2} \sqrt[3]{\frac{9\,G^2}{f^2\,b^2\,r}}$ . . . . 18.)

so wird $W_1 = 0{,}54 \sqrt[3]{\frac{G^4}{f \cdot b \cdot r^2}}$ . . . . 19.)

Bedeutet F_1 = Zugkraft
n' = Anzahl der Pflugschare
b'_1 = Breite „ „
h_1 = Furchentiefe
K = Bodenwiderstandskoeffizient (Tabelle II)

so ist

$$F_1 = n' \cdot b'_1\,h_1 \cdot K$$

Bezeichnet ferner

G_1 = statische Belastung des Vorderrades
G_2 = „ „ „ Hinterrades
L = Radstand
l = Entfernung vom Hacken bis zur Bodenoberfläche,

so wird die auftretende Belastung während der Bewegung der Treib- und Steuerräder

$$Q_1 = G_1 - \frac{l}{L} \cdot F \quad \text{20.)}$$

$$Q_2 = G + \frac{l}{L} \cdot F \quad \text{21.)}$$

und der Gesamtwiderstand (Steigung und Luftwiderstand werden vernachlässigt)

$$W_1 = 0{,}54 \sqrt[3]{\frac{Q_1{}^4}{f \cdot b'_1 \cdot r_1{}^2}} + 0{,}54\,(1 + \varrho) \sqrt[3]{\frac{Q_2{}^4}{f \cdot b_2 \cdot r_2{}^2}} \quad \text{22.)}$$

worin r_1 und r_2 den Radius der Räder und ϱ den Gleitkoeffizienten bedeutet.

Tabelle II.

Sandboden	K = 0,03
Abgemähtes Feld	K = 0,10
Trockenes Feld	K = 0,14
Herbstacker	K = 0,15
Frischgeackerter Boden	K = 0,30

Für den in Fahrt befindlichen Raupenschlepper ist

$$W_1 = 2\,f \cdot b' \cdot l' \cdot h' \qquad 23.)$$

worin b' die Breite und l' die Länge der Raupe bedeutet.

Der Einfluß der Steigung ergibt sich aus folgender Betrachtung. Ist α der Neigungswinkel der Fahrbahn (Abb. 2), so ist

$$W_2 = Q \cdot \sin \alpha \qquad 24.)$$

und

$$h = l \cdot \operatorname{tg} \alpha \qquad 25)$$

Da der Winkel α klein ist, wird annähernd $\sin \alpha = \operatorname{tg} \alpha$ und daher

$$W = \frac{h}{l} \cdot Q = 0{,}01 \cdot h \cdot Q \qquad 26.)$$

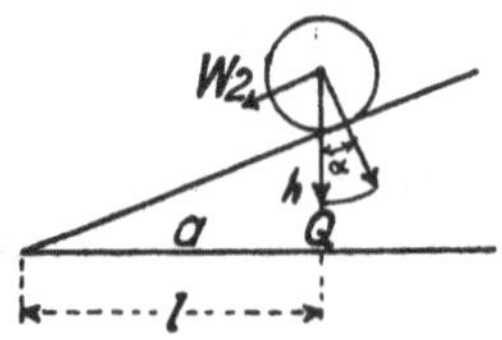

Abb. 2.

In Wirklichkeit befindet sich der Angriffspunkt der Zugkraft höher als im Radmittel, so daß das Widerstandsmoment

$$Q\,(a + r) \cdot \sin \alpha \qquad 27.)$$

wird.

Aus der Gleichung 27 läßt sich der Einfluß der Strecke a (Angriffspunkt der Zugkraft) auf den Fahrwiderstand erkennen.

Bewegt sich ein Körper, dessen Stirnfläche F sei, mit der Geschwindigkeit v, so wird das von ihm verdrängte Luftvolumen $v \cdot F$ m³/sek. Gleichzeitig wird dasselbe Luftvolumen hinter dem Körper frei, so daß der Luftdruck an verschiedenen Stellen des Körpers verschieden groß sein wird; den so entstehenden Luftwiderstand bezeichnen wir mit W_3.

Ist nun v = Geschwindigkeit des Körpers,
v_1 = „ der Luftteilchen,
M = Luftmasse,
γ = spezifisches Gewicht der Luft,

so ist

$$\frac{1}{2} M\, v_1^2 = W_3\, V$$

da

$$M = \frac{F \cdot v \cdot \gamma}{g}$$

so wird

$$W_3 = \frac{1}{2} \cdot \frac{F \cdot \gamma \cdot v^2}{g} \qquad 28.)$$

Ist ferner

$$v = \varphi \cdot v_1$$

und

$$\frac{\varphi^2}{z} = \psi$$

so wird der Luftwiderstand

$$W_3 = \psi \cdot \frac{F \cdot \gamma v^2}{g} \quad \ldots \ldots \quad 29.)$$

oder

$$W_3 = K \cdot F \cdot v^2 \quad \ldots \ldots \quad 30.)$$

Die zahlreichen Untersuchungen haben für K einen Durchschnittswert von 0,0052 ergeben, und es wird demnach der Luftwiderstand

$$W_3 = 0{,}0052 \cdot u \cdot F \cdot v^2 \quad \ldots \ldots \quad 31.)$$

Erfahrungsgemäß wird für Lastkraftwagen u = 1,5 und für Personenwagen u = 0,8—1,1.

Bei Gegenwind, dessen Geschwindigkeit v_2 km/s (gewöhnlich 5—6 m/sek) beträgt, wird

$$W_3 = 0{,}0052\ u \cdot F \cdot (v + v_2)^2 \quad \ldots \ldots \quad 32.)$$

Die Größe von F kann annähernd richtig gefunden werden, wenn man das Produkt bildet aus der Entfernung zwischen den äußersten Punkten des Wagens in der Querrichtung und der Entfernung zwischen dem höchsten Punkt des Wagens und der Vorderachse. Für überschlägige Rechnung ist für Personenwagen F = 2,4 qm, für Lastwagen F = 5—8 qm und für Motorräder F = 0,8—0,9 qm.

Außer den erwähnten Widerstandskräften, die im Momente des Anfahrens auftreten, ist noch der Beschleunigungswiderstand

$$W_4 = \frac{Q}{g} \cdot \beta \quad \ldots \ldots \quad 33.)$$

zu berücksichtigen.

Für Lastkraftwagen ist $\beta = 0{,}8—1{,}5$ m/s
„ Personenwagen „ $\beta = 2—3$ m/s

Die vom Motorwagen zu überwindenden Widerstände sind demnach:

a) beim Anfahren auf ebener Straße

$$W' = W_1 + W_3 + W_4 \quad \ldots \ldots \quad 34.)$$

b) bei gleichmäßiger Fahrt auf ebener Straße

$$W' = W_1 + W_3 \quad \ldots \ldots \quad 35.)$$

c) beim Anfahren auf Steigungen

$$W' = W_1 + W_2 + W_3 + W_4 \quad \ldots \ldots \quad 36.)$$

d) bei gleichmäßiger Fahrt auf Steigungen

$$W' = W_1 + W_2 + W_3 \quad \ldots \ldots \quad 37.)$$

Soll ein Gleiten des Rades nicht eintreten, so ist Bedingung, daß die Adhäsionskraft des Rades größer ist als die auf das Rad wirkende Widerstandskraft.

Die Adhäsionskraft ist

$$P = \mu \cdot Q_2 \quad \ldots \quad 38.)$$

worin μ der Adhäsionskoeffizient und Q_2 die Belastung der Treibräder ist.

Für zwei Treibräder wird die Adhäsionskraft

$$P = Q'_2 \, \mu' + Q'' \, \mu''$$

und bei vier Treibrädern

$$P = Q'_2 \cdot \mu' + Q''_2 \cdot \mu'' + Q'''_2 \cdot \mu''' + Q''''_2 \cdot \mu''''$$

Man setzt für μ bei trockener Straße 0,20
„ nasser „ 0,35
„ Sandstraßen 0,3—0,35.

Die auf die Treibräder entfallende Belastung (Wagen mit 2 Treibrädern) ist:

für Personenwagen . . . 56—62 v. H. des Gesamtgewichtes
„ Lastkraftwagen . . . 60—64 „ „ „ „
„ Omnibusse . . . . . 64—68 „ „ „ „
„ schwere Lastkraftwagen 66—68 „ „ „ „

Bei Wagen mit vier Treibrädern ist selbstverständlich die Belastung der Treibräder 100 v. H. des Gesamtgewichtes des Wagens. Auf Grund des Vorstehenden wird für den in Fahrt befindlichen Wagen die Bedingung

$$W' < P \quad \ldots \quad 39.)$$

bestehen, wobei vorausgesetzt ist, daß kein Gleiten der Räder eintritt.

Diese Bedingung muß für alle vier Fälle der Widerstandsgleichung (Gleichung 34—37) überprüft werden.

Der Unterschied $w = P - W$ stellt die Zugkraftreserve dar, die für die Anhängewagen in Rechnung gestellt werden kann. In diesem Falle wird die Gesamtwiderstandskraft für den Automobilzug (Motorwagen und Anhängewagen)

$$W' = W_1 + W_2 + W_3 + W_4 + W'_1 + W'_2 + W'_3 + W'_4 \quad 40.)$$

W'_1 bis W'_4 bezieht sich auf den Anhängewagen. Auch in diesem Falle wird die Prüfung gemäß Gleichung 34—37 für beide Wagen notwendig.

Ist aus Gleichung 39 W bekannt, so kann aus der Gleichung

$$W = Q_3 f + 0{,}01 h \cdot Q_3 + 0{,}0052 \cdot \mu_3 \cdot F_3 \cdot V^2 \quad \ldots \quad 41.)$$

das größte Gewicht (Q_3) des Anhängewagens bestimmt werden.

Außer diesen Widerständen hat der Motor noch die im Motorwagen auftretenden mechanischen Verluste zu überwinden.

Versteht man unter dem mechanischen Wirkungsgrad eines Motorwagens das Verhältnis zwischen der von den Treibrädern abgegebenen und der vom Motor geleisteten Arbeit, so können wir schreiben

$$\eta' = \frac{N}{N_e} \quad \ldots \ldots \quad 42.)$$

Die Verlustgröße $N_e - N$ setzt sich zusammen aus den Verlusten

a) im Wechselgetriebe . . . . 3—5 v. H.
b) „ Kardan oder in der Kettenübertragung . 1—3 „ „
c) „ Hinterachsantrieb . . . . 5—7 „ „
d) bei Reibung der Hinterräder . . . 18 „ „
e) „ „ „ Vorderräder . . . . . . 4—5 „ „
f) durch die Ventilatorwirkung der Radspeichen 2—3 „ „

Für gewöhnlich ist $\eta = 0{,}55$—$0{,}75$.

Der mechanische Wirkungsgrad des Wagens stellt eine Funktion

$$\eta' = f\,(a, b, c, d, e, f, g, h) \quad \ldots \ldots \quad 43.)$$

dar, worin a = Luftdruck in den Reifen,
b = Belastung der Treibräder,
c = Querschnitt und Größe der Reifen,
d = Art der Kraftübertragung,
e = Übersetzungsverhältnis,
f = Beschaffenheit der Straßendecke,
g = Geschwindigkeit,
h = Leistung.

Die vorstehende Funktion ist einer theoretischen Untersuchung nicht zugänglich und kann nur experimental nachgewiesen werden. Die diesbezüglichen Untersuchungen von Bobeth haben ergeben, daß

a) die Vergrößerung des Luftdruckes in den Reifen eine Vergrößerung von η zur Folge hat (siehe Tabelle III), da mit zunehmendem Luftdruck in den Reifen die Berührungsfläche der Reifen mit der Straßendecke verringert wird.

Tabelle III.

Einfluß des Druckes in den Reifen auf den Gesamtwirkungsgrad.

p . . . . at	8	7	5,5	5	4
η'	0,746	0,741	0,711	0,702	0,687

b) mit der Vergrößerung der Radbelastung η' kleiner wird (Tabelle IV), da die Drucke auf die Zapfen und Achsen größer werden.

Tabelle IV.

Einfluß des Wagengewichtes auf den Gesamtwirkungsgrad.

Belastung . . . . kg	800	1000	1200	1400
η'	0,848	0,823	0,788	0,741

c) Reifen mit Gleitschutz zeigen kleinere Werte von η' (Tabelle V). Vollgummireifen ergeben größere Werte von η' als bei Luftreifen.

Tabelle V.
Einfluß des Reifenprofils.

Flaches Profil	$^{880}/_{120}$ . .	$\eta' = 0,71$
„ „	$^{895}/_{135}$ . .	$\eta' = 0,70$
„ „	$^{835}/_{135}$ . . .	$\eta' = 0,7117$
Type Course	$^{895}/_{135}$.	$r' = 0,691$
Vollgummi	. . .	$\eta' = 0,876$

d) das Übersetzungsverhältnis hat keinen Einfluß auf η' (Tabelle VI).

Tabelle VI.
Wirkungsgrad von Kardanwagen.

1. Gang		2. Gang		3. Gang		4. Gang	
N_e	η'	N_e	η'	N_e	η'	N_e	η'
14,9	0,821	19,40	0,83	28,57	0,86	30,1	0,83
10,23	0,816	10,84	0,779	17,53	0,802	17,49	0,728
5,65	0,732	6,33	0,688	5,67	0,566	7,08	0,367

e) die Vergrößerung der Geschwindigkeit hat eine Verkleinerung von η' zur Folge.

f) die Verminderung der Leistung ergibt kleinere Werte von η'.

g) Unebenheiten der Straßendecke vermindern den Wert η'.

III. Untersuchung der Faktoren, welche die Motordrehmomente bedingen.

1. Formulierung der Aufgabe.

Die Gleichung 10 ergibt

$$N_e = K_1 \cdot i \cdot D^2 \cdot s \cdot \eta_v \cdot \eta_t \cdot \eta_m \cdot h \cdot n$$

Wird das Mischungsverhältnis mit β bezeichnet, so erhält man

$$N_e = K_1 \cdot i \cdot D^2 \cdot s \cdot \eta_v \cdot \eta_t \cdot \eta_m \cdot \beta \cdot n \qquad 44.)$$

worin K_1 eine Konstante für den zur Verwendung kommenden Brennstoff bedeutet.

Wir erhalten demnach:

a) Bewegungsgleichung für den Motorwagen

$$K_1 \cdot i \cdot D^2 \cdot s \cdot \eta_v \cdot \eta_m \cdot \eta_t \cdot \beta \cdot n = \frac{Q \cdot f \cdot V + 0{,}0052 \cdot u \cdot F \cdot V^3 + 0{,}01 \cdot h \cdot Q \cdot V}{m \cdot \eta} \qquad 45.)$$

b) Bewegungsgleichung für den Traktor

$$K_1 \cdot i \cdot D^2 \cdot s \cdot \eta_v \cdot \eta_m \cdot \eta_t \cdot \beta \cdot n = v \cdot \left[\frac{0{,}54 \sqrt[3]{\frac{Q^4}{f \cdot b_1 \cdot r_1^2}} + \cdot 0{,}54\,(1 + \varrho)}{m \cdot \eta} \cdot \right.$$

$$\left. \frac{\sqrt[3]{\frac{Q_2^4}{f \cdot b_2 \cdot r_2^2}} + n \cdot b \cdot h' \cdot k + (Q_1 + Q_2) \cdot 0{,}01 \cdot h}{m \cdot \eta} \right] \qquad 46.)$$

c) Bewegungsgleichung für den Raupenschlepper

$$K \cdot i \cdot D^2 \cdot s \cdot \eta_v \cdot \eta_m \cdot \eta_t \cdot \beta \cdot n = \frac{f \cdot b' \cdot l \cdot h' + (Q_1 + Q_2)\, 0{,}01 \cdot h + n' \cdot b \cdot h' \cdot K}{m \cdot \eta} \cdot V \qquad 47.)$$

Die Änderung der Widerstände, die vom Motor während der Fahrt überwunden werden müssen, ruft auch eine Änderung der Geschwindigkeit und daher auch eine Änderung von n hervor. Um den Einfluß von n auf N zu bestimmen, müssen die Gleichungen

$$\eta_v = f_1(n) \qquad 48.)$$

$$\eta_m = f_2(n) \qquad 49.)$$

$$\eta_t = f_3(n) \qquad 50.)$$

$$\beta = f_4(n) \qquad 51.)$$

untersucht werden.

2. Zylinderfüllungs-Verhältnisse.

Abb. 3 zeigt ein Diagramm eines Automobilmotors. Im Punkte 1, der dem oberen Totpunkt entspricht, beginnt der Kolben sich nach unten zu bewegen, wobei sich fast gleichzeitig das Saugventil öffnet. Die im Verbrennungsraum gebildeten Verbrennungsgase dehnen sich nach der Linie 1—2—3 aus. Sobald der Unterdruck im Zylinder den Widerstand des Saugventils und der Saugleitung überwunden hat, (Punkt 3), beginnt das Einströmen einer neuen Ladung. Die Frischgase gelangen also durch den Unterdruck im Zylinder in denselben, wobei sich infolge der Vorwärmung durch die Abgase und Zylinderwandungen, die Quantität des Gas-Luftgemisches geringer ergibt, als wenn sie bei normalem Druck (1,0333 kg) und Temperatur (288⁰ C) in

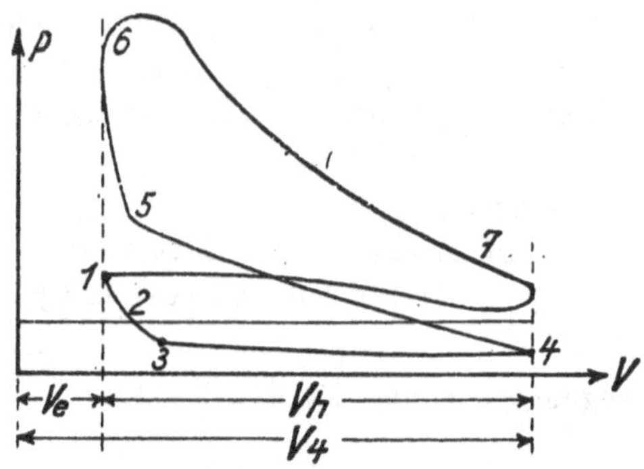

Abb. 3.

den Zylinder gelangen würden. Das Verhältnis zwischen dem Gewicht der eingetretenen Ladung im vorgewärmten Zustande zum Gewicht der Ladung im normalen Zustande, bezeichnet man mit volumetrischen Wirkungsgrad. Im Punkte 4 ist die Zylinderfüllung, die aus den Frischgasen und den restlichen Verbrennungsrückständen besteht, beendet. Ist der Parzialdruck der Abgase p_4^g und der der frischen Mischung p_4^m, ferner

$$\eta_v = \frac{G_4}{G_H} \quad . \; 52.)$$

so ist $p_4^m = p_4 - p_4^g$ . . . . 53.)

Der charakteristischen Gleichung der Gase gemäß ist

$$p_4^m V_4 = G_4 \cdot R \cdot T_4; \; p_n \cdot V_4 = G \cdot R \cdot T_n; \; V_4 = V_c + V_4' \quad 54.)$$

Da die Frischgase das ganze Zylindervolumen ausfüllen, ist

$$\eta_v = \frac{G_4}{G_r} = \frac{p_4^m \cdot T_n}{p_n \cdot T_4} = \frac{288}{10\,333} \cdot \frac{p_4^m}{T_4} \quad . \; . \; 55.)$$

Gleichzeitig ist für Punkt 1 (Abgase)

$$p_1 \cdot v_0 = R \cdot T_1 \quad \ldots \ldots \ldots \ldots \quad 56.)$$

und für dieselben Gase im Punkt 4 (vorausgesetzt, daß die Temperatur der Abgase und der frischen Mischung im Punkt 4 dieselbe ist)

$$p_4{}^g \cdot V_4 = R \cdot T_4 \quad \ldots \ldots \ldots \ldots \quad 57.)$$

Aus Gleichung 56—57 folgt, daß

$$p_4{}^g = \frac{T_4}{T_1} \cdot p \cdot \frac{V^0}{V_4} \quad \ldots \ldots \quad 58.)$$

Mit Kompressionsverhältnis

$$\varepsilon = \frac{V_4}{V^0} \quad \ldots \quad 59.)$$

$$p_4{}^g = \frac{T_4}{T_1} \cdot \frac{p_1}{\varepsilon} \quad \ldots \quad 60.)$$

Aus Gleichung 53 und 60 folgt, daß

$$p_4{}^g = p_4 - \frac{p_1}{\varepsilon} \cdot \frac{T_4}{T_1} \quad \ldots \ldots \quad 61.)$$

und aus Gleichung 55 und 61, daß

$$\eta_v = \frac{288}{10333} \cdot \left(\frac{p_4}{T_4} - \frac{1}{\varepsilon} \cdot \frac{p_1}{T_1}\right) \quad \ldots \quad 62.)$$

Ändert sich der barometrische Druck auf $\pm \triangle$, so verändert sich auch p_4 und p_1.

$$\eta_v = \frac{288}{10333} \cdot \left[\left(\frac{p_4}{T_4} - \frac{1}{\varepsilon} \cdot \frac{p_1}{T_1}\right) \pm \triangle \left(\frac{1}{T_4} - \frac{1}{\varepsilon T}\right)\right] \quad \ldots \quad 63.)$$

Die vom Verfasser angestellten Untersuchungen (Tabelle VII) zeigen, daß die Veränderung des barometrischen Druckes eine Verminderung von η_v um 1,92 v. H. für je 100 m ergibt.

Tabelle VII.

Einfluß des barometerischen Druckes (Versuche von Ghittis).

Barometerstand mm Q.-S.	758	712	690	666	625	603
η_v	0,505	0,462	0,420	0,398	0,354	0,126
t_{Abgase} . .	525	515	505	495	480	475
N_e	25,4	23,68	22,31	21,44	19,93	19,40

Aus der Gleichung 62 folgt, daß bei unveränderten Verdichtungsgrad die Größe η_v von den mechanischen (p_1 und p_4) und thermischen (T_1 und T_4) Verhältnissen abhängig ist (Tabelle VIII). Die Drucke P_1 und p_4 sind von den Strömungsverhältnissen in der Ansaug- und

Tabelle VIII. (Versuche von Lebedeff).

n	ε	p_1	p_4	η_v	T_1	T_4	$\frac{T_1}{p_1}$	$\frac{T_4}{p_4}$
224,3	8,15	0,758	0,883	0,69	650	374	860	420
245,5	8,15	0,795	—	—	—	—	—	—
250	8,15	0,784	—	—	—	—	—	—
223,1	5,15	0,755	0,879	0,68	668	392	881	445
238	5,15	0,733	—	—	—	—	—	—
248,6	5,15	0,724	—	—	—	—	—	—
224	3,95	0,745	0,843	0,67	712	401	955	875
239,5	3,95	0,726	—	—	—	—	—	—
249,5	3,95	0,715	—	—	—	—	—	—

Auspuffleitung abhängig. Das Druckgefälle während der Ansaugperiode kann berechnet werden nach der Formel

$$\triangle p = 4K\frac{l}{d} \qquad \ldots \quad 64.)$$

worin l die Länge des Saugweges und d den Durchmessers der Saugleitung bedeutet.

Nach den Untersuchungen von Lorentz, Fritsche und Weißbach ist

$$\triangle p = \frac{a\,\omega^{1,852}\,\gamma^{0,852}}{d^{0,253}} \cdot \frac{l}{d} \qquad \ldots \quad 65.)$$

worin ω die Geschwindigkeit des Gas-Luftgemisches* und γ das spezifische Gewicht des Gemisches ist.

Da

$$\omega = \frac{G_{sec}}{f \cdot \gamma} \qquad \ldots \quad 66.)$$

so ist

$$\triangle p = \beta \frac{l}{d} \cdot \frac{G^2_{sec}}{f^2 \gamma} \qquad \ldots \quad 67.)$$

$$\beta = \frac{a}{(\gamma \cdot \omega)^{0,148} \cdot d^{0,269}} \qquad \ldots \quad 68.)$$

oder bei gegebenen Saugrohrdimensionen (l und d)

$$\triangle p = k\,G^2_{sec} \qquad \ldots \quad 69.)$$

Die Quantität der frischen Ladung beträgt

$$G^m = \frac{n}{120} \cdot \eta_n \cdot V_4 \cdot \frac{p_4{}^m}{p_n} \cdot \frac{T_n}{T_4} \qquad \ldots \quad 70.)$$

* Die Geschwindigkeit des angesaugten Gemisches in den Ventilen geht bis 100 m/s.

und die Quantität der Abgase

$$G^g = \frac{n}{120} \cdot \eta_v \cdot V_4 \cdot x \cdot \frac{p_n}{p_1} \cdot \frac{T_1}{T_n} \quad . \quad . \quad . \quad . \quad . \; 71.)$$

worin x die Kontraktion bei der Verbrennung bedeutet.

Aus den Versuchen von Lebedeff geht hervor, daß die Änderung der Drehzahl keinen großen Einfluß auf das Verhältnis $\frac{p_1}{T_1}$ hat; im Mittel beträgt $\frac{p_1}{T_1}$ 675 (Tabelle VIII, IX und X).

Auf Grund der Gleichung 69—71 wird

$$\triangle p = k' \, (r_v \cdot n)^2 \quad . \quad . \quad . \; 72.)$$

Tabelle IX (Versuche von Lebedeff).

n =	138,7	184	225,4	262,6
p_8 =	0,798	0,704	0,654	0,600
p_1 =	1,056	1,072	1,159	1,209
$\frac{p_8}{p_1}$ =	0,76	0,66	0,56	0,50

Tabelle X.

Einfluß der Drehzahl (Versuche von Lebedeff).

n =	150	169	189	710	228	237
$\frac{p_1}{T_1}$ =	695	660	680	725	705	675

n =	169	184	225	263
$\frac{p_1}{T_1}$ =	530	575	550	523

n =	239,5	228	218	211	193
T_4 =	388	381	387	376	369
p_4 =	0,92	0,986	1,013	1,026	1,02
$\frac{T_4}{p_4}$ =	390	387	380	370	360

n =	262	225	184	138,7
T_4 =	406	392	394	377
p_4 =	0,897	0,908	0,979	1,013
$\frac{T_4}{p_4}$ =	455	432	404	365

Da der Koeffizient der Gleichung 69 größer ist als der der Gleichung 72, so wird voraussichtlich der Unterdruck beim Ansaugen größer sein als der Überdruck beim Ausschub, was auch durch Untersuchungen bestätigt ist.

$$\triangle p_{Ans.} = 0{,}3—0{,}2 \text{ kg/cm}^2$$
$$\triangle p_{Ausschub} = 0{,}15—0{,}2$$

Aus der Gleichung 72 folgt, daß das Druckgefälle proportional einer Zahl ist, die kleiner als die quadratische Potenz der Drehzahl ist. Die Untersuchungen von Ricardo zeigen den Einfluß der Saugrohrlänge auf den Saugdruck (Tabelle XI).

Tabelle XI (Versuche von Ricardo).

l . . engl. Zoll	1	2	3	4	5	6	7	8
$p_{Saug.}$. Pfd/Qu.Z.	14,4	14,8	15,1	15,5	15,4	15	14,3	13,9

Die Gleichung 65 sowie die Untersuchungen von Watson und Joudge (Tabelle XII) zeigen, daß der Unterdruck beim Ansaugen mit zunehmender Drehzahl wächst.

Tabelle XII (Versuche von Joudge).

n	400	800	1200	1600	2000
p_4 . . . Pfd/Qu.Z.	0,5	1	1,6	2,4	3,25

Auf den Ausschubdruck hat die Änderung der Drehzahl den entgegengesetzten Einfluß und demzufolge wird bei zunehmender Drehzahl p_1 größer und p_4 kleiner werden.

Beim Ansaugen des frischen Gemisches wird sich letzteres mit den im Zylinder befindlichen Verbrennungsrückständen mischen, wobei gleichzeitig ein Wärmeaustausch mit den Zylinderwandungen stattfindet. Ist der Wärmezustand stationär, so ist

$$C_p^m \cdot G^m (T_4 - T_n) = C_p^g \cdot G^g (T_1 - T_n) \pm Q_{Wände} \quad \ldots \quad 73.)$$

daraus folgt

$$T_4 = T_n + \frac{Q^g \pm Q_w}{C_p^m \cdot G_m} \quad \ldots \quad 74.)$$

Die Vergrößerung des Unterdruckes mit der zunehmenden Drehzahl vermindert G^m, was durch die Versuche von Joudge (Tabelle XIII)

Tabelle XIII.

Einfluß des Wärmezustandes (Versuche von Joudge).

n	400	600	800	1000	1200	1400	1500
Einsaugmenge (Motor kalt) . . Pfd. engl.	3,3	3,25	3,1	2,9	2,7	2,5	2,3
Einsaugmenge (Motor warm) . Pfd. engl.	2,9	2,85	2,79	2,6	2,45	2,3	—

bestätigt wird. Die Steigerung der Drehzahl vergrößert auch T_1 was auch den Versuchen von Lebedeff und denen des Verfassers entspricht (Tabelle XIV und XV). Die letzteren Versuche zeigen, daß

Tabelle XIV.

Einfluß der Drehzahl (Versuche von Ghittis).

n . .	239	217	193	167	141	102,4
η_v . . .	0,842	0,819	0,913	0,929	0,909	0,900
t_{gas}	552	474,5	313,7	332	197	146

$$\eta_v = 0{,}86 + 0{,}001\,(240 - n)$$

Tabelle XV (Versuche von Lebedeff).

n . .	289,5	228,5	218,3	211,3	193,2	Deutz 8 PS.
Q_{Wand} .	0,084	0,089	0,113	0,092	0,074	
Q_{Gas}	0,142	0,123	0,117	0,116	0,115	

n .	262,5	225,4	184,0	138,7	Deutz 20 PS.
Q_{Wand} .	0,350	0,308	0,380	0,342	
Q_{Gas}	0,130	0,146	0,129	0,129	

Q_w immer positiv ist, d. h., daß die Zylinderwandung immer Wärme an die frische Ladung abgeben wird und daß die Erwärmung der frischen Ladung durch die Zylinderwände größer ist, als durch die der Abgase. Der Einfluß der Wasserkühlung ist hierbei, wie die Versuche von Lebedeff (Tabelle XVII) zeigen, gering, aber die Versuche des Verfassers, ferner von Joudge (Tabelle XIII) und Benecke (Tabelle XVI) ergaben eine erhebliche Gewichtsverminderung der frischen Ladung bei Erhöhung der Kühlwassertemperatur.

Tabelle XVI (Versuche von Benecke).

t_{Wasser}	°C	25	55	100
N_e .		4,77	4,47	3,97 PS.

Tabelle XVII.

Einfluß der Kühlwassertemperatur (Versuche von Lebedeff).

Körting 8 PS.

t_{Wasser} . .	°C	13,4	21,3	38,0	38,3
η_v . . .		0,73	0,71	0,72	0,70

Deutz 20 PS.

t_{Wasser} .	°C	15,5	19,4	21,6	25,0	25,8	30,4	34,5
η_v . .		0,65	0,67	0,70	0,65	0,67	0,65	0,68

Die Versuche von Neumann und des Verfassers (Tabelle XVIII) zeigen eine bedeutende Verkleinerung von η_n bei Erwärmung der Frischluft.

Tabelle XVIII.

Einfluß der Lufttemperatur (Versuche von Neumann).

t_{Luft} . . . °C	20	40	60	80
η_v	0,57	0,565	0,560	0,545

Nach Vorstehendem kann man darauf schließen, daß mit der Erhöhung der Drehzahl

a) der Unterdruck beim Ansaugen sich gemäß Gleichung $p_4 = k\, n^k$ vergrößert $(1 < k < 2)$ (siehe auch Tabelle XIX),

b) die Temperatur T_1 bedeutend steigt,

c) „ „ T_4 nur unbedeutend erhöht wird,

d) das Verhältnis $\frac{p_4}{T_4}$ bedeutend kleiner wird,

e) „ „ $\frac{p_1}{T_1}$ fast unverändert bleibt.

Tabelle XIX (Versuche von Watson).

$n =$	650	1800
$p_{Ansaug.} =$	— 0,3	— 1,8

Der volumetrische Wirkungsgrad muß folglich mit zunehmender Drehzahl kleiner werden (Tabelle XXI—XXX); er kann durch die Gleichung $\eta_v = a + b \cdot n^m$ ausgedrückt werden $(1 < m < 2)$.

Tabelle XX (Versuche von Riedler).

Widerstand in der Auspuffleitung	1 v. H.
„ „ dem Schalldämpfer	1,2 „ „

Tabelle XXI.

Gemischgeschwindigkeit in den Ventilquerschnitten.

	Benz	Adler	Horch	
Zylinderbohrung . .	115	105	85	mm
Kolbenhub	175	150	120	mm
Drehzahl	2217	2412	1913	i. d. Min.
Kolbengeschwindigkeit	20,1	18,8	11,9	m/sk
Ventilquerschnitt	44*)	16	12	cm^2
Geschwindigkeit im Saugventil .	45	102	57	m/sk
Geschwindigkeit im Auslaßventil	92	102	76	m/sk

*) Doppelventile.

Eine Ausnahme bildet die Regel bei Beginn der Zunahme der Drehzahl, sobald die Ladung rasch mit Brennstoff bereichert wird, da gleichzeitig T_1 wächst.

Tabelle XXII (Versuche von Joudge).

n =	600	800	1000	1200	1400
Saugarbeit PS =	0,55	0,8	1,1	1,5	2,2

Durch eine Reihe von Versuchen wurde die Größe $T_4 = 363—393^0$ bestimmt.

Mit der Vergrößerung des Verdichtungsgrades wird

a) T_1 bedeutend verkleinert, was durch bessere Verbrennung erklärt werden kann,

b) T_4 wird durch das Sinken von T_1 und der dadurch verminderten Erwärmung der Ladung durch die Abgase, verkleinert,

c) p_1 und p_4 steigen langsam und die Vergrößerung von ε bedingt eine Zunahme von η_v.

Leider existieren keine Untersuchungen über die Frage des Einflusses von S:D auf den volumetrischen Wirkungsgrad. Da die Größe η_v von der Erwärmung und vom Ansaugwiderstand abhängt, so kann man annehmen, daß

a) die Erwärmung der frischen Ladung durch die Zylinderwandungen von der Beziehung der nicht gekühlten Flächen (Zylinderkopf, Kolbenboden) zu den sich abkühlenden Flächen (Zylinderlauffläche) abhängig ist. Die Vergrößerung von S : D vermindert diese Beziehung, so daß auch die Erwärmung durch die Zylinderwand vermindert wird. Nicht ohne Einfluß ist die Form der nicht gekühlten Fläche, wobei zu bemerken wäre, daß die Kugelform den volumetrischen Wirkungsgrad verbessern kann.

b) da die Erwärmung durch die Abgase durch die Größe T_1 bestimmt wird und diese von der Kühlung der Verbrennungsgase während des Ausschubes abhängt (nach den Versuchen von **Burstall** macht diese Abkühlung 27 v. H. der Abgaswärme aus), so muß die Vergrößerung von S : D eine Verminderung von T_r hervorrufen und den Wirkungsgrad verbessern,

c) die Saug- und Ausschubwiderstände (Tabelle XX) stellen eine Funktion der Geschwindigkeit und Länge des Weges dar (unter dem letzteren wird die Länge der geradlinigen Strecken und Krümmungslängen bis zu den Ventilen verstanden) d. h.

$$\triangle p = k\, w^2\, l \quad \ldots\ldots\ldots \quad 75.)$$

worin

$$l = l_1 + l_K \quad \ldots\ldots\ldots \quad 76.)$$

ist.

Nach Abb. 4 wird die Anzahl der Krümmungen m

für I und II . . . m = 2
„ III . . . m = 2
„ IV . . . m = 1

Da $l_3 < l_1 < l_2$, so ist $l''' < l' < l''$.

Es folgt somit, daß bei gleichem S und D die Anordnung IV die geringste Veränderung von η_v aufweisen wird.

Betrachtet man die Änderung von S : D bei gleichem Verdichtungsgrade ε, so folgt, daß

a) je größer S : D wird, desto kleiner wird für dieselbe Leistung die absolute Größe von D und folglich wird auch die absolute Größe des Ventilquerschnittes bei der gleichen Quantität der eintretenden

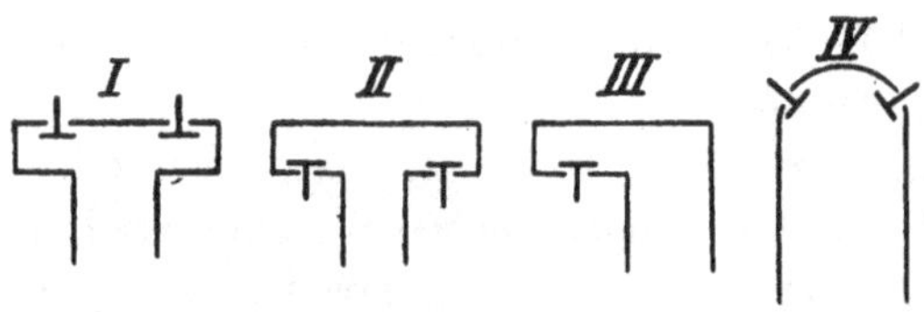

Abb. 4.

Ladung kleiner, so daß die Geschwindigkeit des angesaugten Gemisches in dem Saugrohr und Ventil größer wird, woraus sich ein erhöhter Ansaugwiderstand ergibt.

b) Die Vergrößerung von S:D ergibt eine größere Kolbengeschwindigkeit, die einen ungünstigen Einfluß auf die Ansaugverhältnisse ausübt.

Durch die Vergrößerung von S : D werden mithin die mechanischen Verhältnisse ungünstig, die thermischen Verhältnisse jedoch günstig beeinflußt. Da die thermischen Verhältnisse eine überwiegende Bedeutung haben, so ist ein günstiger Einfluß auf η_v bei Vergrößerung von S : D zu erwarten. Die Untersuchungen von Joudge und Watson zeigen, daß sich der Unterdruck mit der Zunahme von n vergrößert und eine Gewichtsverminderung des angesaugten Gewichtes bei Vergrößerung von n und bei Erwärmung des Motors eintritt (Tabelle XXIII). Nach den Versuchen von Lebedeff ist $p_1 v_1^m = p_3 v_3^m$ (m = 1,12—4,14).

Tabelle XXIII (Versuche von Hopkinson).
(Daimler-Motor)

n	=	200	400	600	800	1000	1200
Ladungsverluste PS	=	6,1	0,2	0,4	0,5	0,75	1,25

Tabelle XXIV.
Volumetrischer Wirkungsgrad.

n	=	600	800	1000	1200	1400	1600	2000
Adler η_v	=	0,84	0,81	—	0,80	—	0,78	0,71
Knight η_v	=	0,88	0,85	—	0,81	—	0,76	0,68
Bussing η_v	=	0,78	0,74	0,70	0,65	0,59	—	—

Tabelle XXV (Versuche von Seilinger).

n	=	403	350	300	240	203
η_v	=	0,66	0,737	0,85	0,78	0,79
t_1	=	560	550	520	340	330

Tabelle XXVI (Versuche von Lebedeff).

n	=	138,7	184	225,4	262
η_v	=	0,8	0,74	0,68	0,64

Tabelle XXVII (Versuche von Joudge).
Knight Motor.

n	=	300	600	800	1000	1200	1400	1600	1800
η_v	=	0,52	0,79	0,79	0,78	0,77	0,74	0,71	0,67

Tabelle XXVIII (Versuche von Watson).

n	=	600	700	800	900	1000	1100	1200	1300
η_v	=	0,62	0,59	0,55	0,53	0,51	0,5	0,48	0,45

Tabelle XXIX (Versuche von Scheidt-Bobeth).
Volumetrischer Wirkungsgrad von Zweitaktmotoren.

n	=	600	800	950
η_v	=	0,82	0,71	0,4

Tabelle XXX (Versuche von Slaby).

$$\eta_v = 8{,}11 - 0{,}0157\ n.$$

3. Wärmeprozesse im Motor.

Der Wärmeprozeß im Motor wird gewöhnlich nach seinem thermischen Wirkungsgrad

$$\eta_t = 1 - \varepsilon^{1-n} \quad \ldots \ldots \ldots \ldots \quad 77.)$$

beurteilt, wobei vorausgesetzt ist:

a) die Unveränderlichkeit des chemischen Zustandes des Brennstoffes,

b) die Unveränderlichkeit der Quantität des Brennstoffes,

c) die augenblickliche Wärmeeinnahme aus der äußeren Wärmequelle anstatt des Verbrennungsprozesses und die augenblickliche Wärmeabgabe anstatt des Ausschubes,

d) der Kreisprozeß sei geschlossen,

e) die Verdichtungs- und Ausdehnungslinien sind Polytrope (Tabelle LXXX),

$$p_4 \cdot v_4^n = p_5 \cdot v_5^n \quad \ldots \ldots \quad 78.)$$

$$p_6 \cdot v_6^n = p_7 \cdot v_7^n \quad \ldots \ldots \quad 79.)$$

f) die spezifische Wärme sei von der Temperatur unabhängig.

Diese Voraussetzungen treffen natürlich nicht zu, denn:

a) während des Kreisprozesses findet nicht nur eine physikalische, sondern auch chemische Veränderung des Zustandes statt,

b) eine Annahme einer momentanen Wärmeübergabe an Stelle des Verbrennungsprozesses ist unrichtig, weil die Verbrennung eine Veränderung der Entropie in Gefolge hat (die Umwandlung der chemischen Energie in mechanische ist ein natürlicher, mit einer Zunahme der Entropie verbundener Prozeß), während die Wärmeübergabe keine Entropieveränderung aufweist.

c) Die Verdichtungs- und Ausdehnungslinien sind keine Polytropen, ihr Exponent ändert sich von Punkt zu Punkt.

d) Der Kreisprozeß ist nicht geschlossen.

In einzelnen Fällen wird die Untersuchung des Wärmeprozesses mit Hilfe der Entropiediagramme ausgeführt (T—S) u. z., auf Grund der Gleichung

$$S_1 - \delta_2 = a \cdot \ln \cdot \frac{T_5'}{T_4} + b \cdot (T_5 - T_4) + A \cdot k \cdot \ln \frac{V_5}{V_4} \quad \ldots \quad 80.)$$

hierbei ist es notwendig die Verbrennung auch durch Wärmeabgabe von einer äußeren Quelle zu ersetzen, den Wärmeverlust durch das Kühlwasser und die Quantität der Abgase sowie den Grad der vollkommenen Verbrennung zu schätzen, was das Endergebnis vollständig entstellt. Da die erwähnten Untersuchungsmethoden unbrauchbar sind, so begnügt man sich mit der Untersuchung der einzelnen Prozeßerscheinungen. Für die allgemeine Beurteilung des Motors wird man den ökonomischen Wirkungsgrad heranziehen.

$$\eta_e = \frac{632}{B_e \cdot H} \quad \ldots \ldots \quad 81.)$$

In letzterer Formel ist B_e der Brennstoffverbrauch für 1 PS/st und H der Heizwert des Brennstoffes. Der Fehler, der bei der

Annahme der Unabhängigkeit der spezifischen Wärme von der Temperatur gemacht wird, beträgt bei einem normalen Automobilmotor, mit einem Verdichtungsgrad von 4—6, ungefähr 15—20 v. H.

Bezeichnet man mit η'_t den thermischen Wirkungsgrad (wobei die Unveränderlichkeit der spezifischen Wärme vorausgesetzt ist), so wird seine Größe, wenn die spezifische Wärme als Veränderliche (nach Joudge) betrachtet wird

$$\eta'' = \eta'_t \left[1 - (1 - \eta'_t)\, k \frac{T_6 + T_5}{2}\right] \quad \ldots \ldots \ldots \; 82.)$$

Die im Motor auftretenden Wärmeverluste können in 2 Gruppen eingeteilt werden:

1. prinzipiell unvermeidliche Verluste,
2. technisch unvermeidliche Verluste.

Die erste Gruppe wird durch eine unvermeidliche Wärmeausstrahlung bedingt, die bei der Umwandlung der Wärmeenergie in mechanische Energie stattfindet. Die zweite Gruppe wird durch technische Unvollkommenheiten des Motors bedingt. Der Wärmeaustausch im Motor setzt sich zusammen aus dem Wärmeaustausch beim Ansaugen, Verdichten, Verbrennen, Ausdehnen und Ausschieben.

Die Untersuchungen von Lebedeff (Tabelle XV) und die von Joudge (Tabelle XXXI) zeigen, daß während der Ansaugperiode die Zylinderwand die eintretenden Frischgase vorwärmen, daß die Quantität des angesaugten Gemisches durch die Temperatur stark beeinflußt wird und daß der Gewichtsunterschied des in einem kalten oder warmen Motor angesaugten Gemisches, sich mit der zunehmenden Drehzahl verkleinert, ebenso mit der zunehmenden Zeit, in der das Gemisch mit der Zylinderwand in Berührung steht. Dieses haben auch die Versuche des Verfassers gezeigt.

Tabelle XXXI.

Bei n	=	400	tritt in den	kalten	Motor	ein	Gemisch	von	3	Pfd.	engl.	ein
„ „	=	„	„ „ „	warmen	„	„	„	„	2,9	„	„	„
„ „	=	800	„ „ „	kalten	„	„	„	„	3,1	„	„	„
„ „	=	„	„ „ „	warmen	„	„	„	„	2,8	„	„	„
„ „	=	1400	„ „ „	kalten	„	„	„	„	2,6	„	„	„
„ „	=	„	„ „ „	warmen	„	„	„	„	2,3	„	„	„

Während der Verdichtung findet ein intensiver Wärmeaustausch zwischen der Ladung und der Zylinderwand statt. Um die Temperatur und den Druck am Ende des Verdichtungshubes zu bestimmen, verfährt man folgendermaßen:

Die Annahme des polytropischen Charakters (Tabelle LXXVIII) der Diagrammlinie bedingt, wie schon oben gesagt, die Ungenauigkeit des Verfahrens. Die Abhängigkeit der spezifischen Wärme von der Temperatur für verschiedene Gase zeigt nachstehende Aufstellung:

Für Sauerstoff (Holborn und Hänning) $c_v = 0{,}152 + 0{,}0000323\ t$ 83.)

„ Stickstoff („ „ „) $c_v = 0{,}164 + 0{,}000038\ t$ 84.)

„ Stickstoff (Pier) . . . . . $c_v = 0{,}174 + 0{,}000032\ t$ 85.)

„ Wasserstoff (Holborn u. Hänning) $c_v = 2{,}415 + 0{,}000526\ t$ 86.)

„ Kohlenoxyd („ „ „) $c_v = 0{,}171 + 0{,}0000378\ t$ 87.)

„ Kohlensäure (Langen) . . . $c_v = 0{,}152 + 0{,}0000591\ t$ 88.)

„ Kohlensäure (Pier) $c_v = 0{,}15450 + 0{,}00015\ t + 0{,}000000065\ t^2 + 0{,}0000000000\ t^3$ 89.)

„ Luft (Pier) . . . . . $c_v = 0{,}1552 + 0{,}00003108\ T$ 90.)

„ Wasserdampf (Pier) . . $c_v = 0{,}337 + 0{,}0000556\ t + 0{,}0000000000044\ t^3$ 91.)

Bezeichnet man die Molekulargewichte zweier Gase mit m_1 und m_2, ihre spezifischen Gewichte γ_1 und γ_2 so ist

$$m_1 \cdot \gamma_1 = m_2 \cdot \gamma_2 \quad \text{92.)}$$

Aus Gleichung 92 folgt, daß gemäß $p \cdot v = G \cdot R \cdot T$ wenn $p = 10333$, $G = m$, $T = 273$, $\gamma = \frac{1}{1{,}429}$ (für Sauerstoff)

$$m = 32.$$

Da $$m\,R = 848 \quad \text{93.)}$$

und $$c_p - c_v = A \cdot R \quad \text{94.)}$$

$$m\,c_p - m\,c_v = A \cdot m \cdot R = \frac{848}{427} = 1{,}985$$

$$c_p = c_v + \frac{1{,}985}{m} \quad \text{95.)}$$

$$c_v = c_p - \frac{1{,}985}{m} \quad \text{96.)}$$

$$K = \frac{c_p}{c_v} \quad \text{97.)}$$

aus Formel 95—97 folgt

$$K = 1 + \frac{1{,}985}{m \cdot c_v} \quad \text{98.)}$$

und da die Größe c_v mit der Steigerung der Temperatur wächst, so muß k mit der Temperaturzunahme abnehmen, daher

$$K = K_0 - \alpha\,T \quad \text{99.)}$$

Für zweiatomige Gase (O_2, N_2, CO, H_2 und Luft) wird

$\alpha = 0{,}0203 \cdot 10^{-3}$

$K_0 = 1{,}422$

Im Falle eines adiabatischen Prozesses wird

$$d Q = C_v \, dT + A \cdot p \cdot dV = 0 \quad \ldots \quad 100.)$$

Zieht man in Betracht, daß $p = \frac{R T}{v}$

$$\frac{dT}{dv} = -\frac{A \cdot R \cdot T}{C_v \, v}$$

oder

$$\frac{A R}{C_v} = K - 1$$

so ist

$$\frac{d T}{d v} = -(K - 1)\frac{T}{v} \quad \ldots \quad 101.)$$

Aus Gleichung 99 und 101 folgt

$$\frac{d T}{d v} = -(K_0 - 1 - \alpha T)\frac{T}{v} \quad \ldots \quad 102.)$$

$$\frac{d T}{T (K_0 - 1 - \alpha T} = -\frac{d v}{v} \quad \ldots \quad 103.)$$

$$\frac{d T}{T} + \alpha \frac{d T}{K_0 - 1 - \alpha T} = -(K_0 - 1)\frac{d v}{v} \quad \ldots \quad 104.)$$

Nach der Integration in den Grenzen T_5 und T_4 sowie V_4 und V_5 erhält man

$$\ln\frac{T_5}{T_4} - \ln\frac{K_0 - 1 - \alpha T_5}{K_0 - 1 - \alpha T_4} = -(K_0 - 1)\ln\frac{V_5}{V_4}$$

$$\log\frac{T_5}{T_4} - \log\frac{K_0 - 1 - \alpha T_5}{K_0 - 1 - \alpha T_4} = -(K_0 - 1)\log\frac{V_5}{V_4}$$

$$\log\left(\frac{T_5}{T_4} \cdot \frac{K_0 - 1 - \alpha T_5}{K_0 - 1 - \alpha T_4}\right) = (K_0 - 1)\log\frac{V_5}{V_4}$$

$$\frac{T_5}{T_4} = \left(1 - \frac{\alpha T_4}{K_0 - 1}\right) \cdot \left(\frac{V_5}{V_4}\right)^{K_0 - 1} + \frac{\alpha T_4}{K_0 - 1} \quad \ldots \quad 105.)$$

$$\frac{p_4}{p_5} = \left(1 - \frac{\alpha T_4}{K_0 - 1}\right) \cdot \left(\frac{V_5}{V_4}\right)^{K_0} + \frac{\alpha T_4}{K_0 - 1} \cdot \frac{V_5}{V_4} \quad \ldots \quad 106.)$$

An Hand der Gleichungen 105 und 106 läßt sich p_4 und T_4 berechnen, wenn der Verdichtungsdruck gegeben ist.

Es erscheint ratsam, den Verbrennungs- und Verdichtungsprozeß gemeinsam zu betrachten, denn der Wärmezustand vor der Verbrennung hat einen entscheidenden Einfluß für den nachfolgenden Verbrennungsprozeß. Die chemische Reaktion findet bei jeder Temperatur statt, jedoch wird die Reaktion bei Steigerung der Anfangstemperatur wesentlich intensiver sein. Ist die Menge des Wasserstoffs nach der

Reaktion x, die Menge des Wasserstoffs und Sauerstoffs vor der Reaktion a und b, ferner t die Zeit der Reaktion, so wird

$$\frac{dx}{dt} = k\,(a - x^2) \cdot \left(b - \frac{x}{2}\right) \quad \text{. . . . . 107.)}$$

In dor Formel bedeutet k einen Koeffizienten, der eine Funktion der Temperatur darstellt. Die Reaktionsgeschwindigkeit wird

$$V_R = f\,(T_5) \quad \text{. . . . . 108.)}$$

Der Einfluß der Kompression (Tabelle LVIII, LIX) auf den Verbrennungsprozeß ist in der Zunahme der Reaktionsgeschwindigkeit durch die Erhöhung der Anfangstemperatur und der Verringerung des Volumens und Verkürzung des Verbrennungsweges gelegen.

Alle Voraussetzungen einer möglichst günstigen Verbrennung bedingen eine möglich hohe Verdichtung, deren praktische Grenze durch die Gefahr der Selbstzündungen gegeben ist. In der Tabelle XXXII sind p_4 und T_4 für verschiedene Verdichtungsgrade angegeben, die auf Grund der obigen Annäherungsformel berechnet sind.

Tabelle XXXII.

k	$\varepsilon = \frac{v_4}{v_0} =$	3	3,5	4	4,5	5,0	6,0	7,0	8
1,2	p_5	3,36	4,04	4,76	5,47	6,21	7,72	9,28	10
	T_5	474	488	501	513	525	543	561	589
1,25	p_5	3,56	4,31	5,08	5,90	6,73	6,73	10,28	12,1
	T_5	500	519	538	554	565	595	618	640
1,3	p_5	3,75	4,58	5,46	6,36	7,29	9,24	11,3	13,43
	T_5	528	553	576	597	616	650	681	708
1,35	p_5	3,96	4,88	5,84	6,86	7,89	10,1	12,4	14,9
	T_5	558	588	623	644	671	716	750	795
1,41	p_5	4,23	5,26	6,35	7,5	8,68	11,2	13,9	16,8
	T_5	597	635	671	764	735	793	893	891

Es sind eine Reihe von Versuchsergebnissen über die Bestimmung der Selbstzündungstemperatur der Brennstoffe bekannt geworden. Diesbezügliche Versuche wurden in Deutschland von Holm, Constam und Schläpfer, in England von Dixon und Moor und in Rußland von Gwosdoff in der unter der Leitung des Verfassers stehenden Kommission für Automobilbrennstoff-Untersuchungen angestellt (Tabellen XXXIII—XXXVI). Die Versuche von Gwosdoff haben eine große Abhängigkeit der Selbstzündung von der Temperatur des Gefäßmaterials gezeigt. Die Selbstzündungstemperatur kann für Benzin mit ungefähr 650—700° C angenommen werden. Nach Tabelle XXXII kann man als zulässigen Verdichtungsgrad mit 5—5,5 annehmen. Der Einfluß der Verdichtung auf die Selbstzündung wird von Nägel bestätigt (siehe Tabelle LIV). Die Untersuchung von Nägel zeigt, daß die Verminderung des Kompressionsgrades eine Verschlechterung des chemischen Wirkungsgrades zur Folge hat.

Tabelle XXXIII.

Selbstentzündungstemperaturen (Versuche von Moor).

Brennstoff	Sp.-G.	Entzündungstemperatur
Naphta Texas	0,936	286,5
„ Kalifornien	0,961	262
„ Mexico	0,949	258
„ Borneo	0,939	269
Pratt Sprit 1	0,71	272
„ „ 2	0,724	274
Schall Oel	0,803	251
„ „	0,768	253
Benzol	0,875	566
Spiritus	0,817	395
Toluol	0,863	516

Tabelle XXXIV (Versuche von Holm und Gwosdoff).

Selbstentzündungstemperaturen.

Brennstoff	Material des Gefässes	Holm	Gwosdoff	
		Platin	Eisen	Quarz
Benzin		415—460	686	585
Benzol		520	750	720
Petroleum		380	614	604
Methyl-Alkohol		—	742	573

Tabelle XXXV (Versuche von Gwosdoff).

Selbstentzündungstemperaturen (in der Luft).

Spiritus	im eisernen Rohr	742⁰
„	„ Quarz	573⁰
Petroleum	„ eisernen Rohr	614⁰
„	„ Quarz	604⁰
Benzin	„ eisernen Rohr	686⁰
„	„ Quarz	585⁰
Benzol	„ eisernen Rohr	753⁰
„	„ Quarz	723⁰

Tabelle XXXVI (Versuche von Holm).

Selbstentzündungstemperaturen.

Benzin . . .	415—460°
Petroleum . .	380°
Benzol .	520°

Tabelle XXXVII (Versuche von Mallard Le Chatelier).

Zündgeschwindigkeit der Luft	1,24 m/sk.
„ „ „ nach Wellenbildung . . .	22 m/sk.

Tabelle XXXVIII (Versuche von Burstall).

$t_4 = 84—99^0$

Ist W_1 die Wärmemenge, die während der Verbrennung bei konstantem Volumen und W die Wärmemenge, die während der Verbrennung bei konstantem Druck frei wird, ferner $\triangle V$ die Volumsvergrößerung, so ist

$$W = W_1 \pm A.L \quad 109.)$$

$$W = W_1 \pm A.L = W_1 \pm A.p.\triangle V \quad 110.)$$

Die Brennstoffmenge der Ladung bei einem Luftüberschuß von α wird

$$G_B = \frac{1}{1 + \alpha L^t} \quad 111.)$$

und die Luftmenge der Ladung

$$G_L = \frac{\alpha \cdot L^t}{1 + \alpha L^t} \quad 112.)$$

Die Gaskonstante dieser Ladung vor der Verbrennung ist

$$R_5 = G_B \cdot R_B + G_h \cdot R_h \quad 113.)$$

Die Gaskonstante nach der Verbrennung ist

$$R_6 = (CO_2) R_{CO_2} + (H_2 o) R_{H_2 o} + (O + N) R_{O+N} \quad 114.)$$

Aus $P_5 V_5 = G \cdot R_5 \cdot T_5$ . . . 115.)

folgt $P_6 V_6 = G \cdot R_6 . T_6$ . . . 116.)

und $\frac{V_5}{V_6} = \frac{R_5}{R_6}$ . . . 117.)

Für	Luft	R = 29,27
„	Kohlensäure .	R = 19,28
„	Wasserdampf	R = 47,10
„	Stickstoff . .	R = 30,00
„	Sauerstoff . .	R = 30,00

Für flüssige Brennstoffe (Tab. LX) ist gewöhnlich $\frac{V_5}{V_6} = 0{,}88 - 1.00$ und für gasförmige Brennstoffe $\frac{V_5}{V_6} = 1{,}00 - 1{,}12$.

Wie vorher erwähnt, findet bei der Verbrennung, die einen natürlichen Prozeß darstellt, eine Vergrößerung der Entropie statt. Infolge dessen wird die Größe der erhaltenen Arbeit

$$A = (U_6 - U_5) - (\varrho_6 - \varrho_5)\, T \quad \ldots \quad 118.)$$

worin U_5 und U_6 die innere Energie ist und ϱ_5 und ϱ_6 die Entropie vor und nach der Verbrennung bezeichnet. Das Verhältnis zwischen den chemischen Elementen der Ladung vor der Verbrennung und den Verbrennungsprodukten nach der Verbrennung ergibt sich aus dem Gesetz des chemischen Gleichgewichtes.

$$2\,H_2 + O_2 \rightleftarrows 2\,H_2O \pm 137400 \text{ Kal.} \quad \ldots \quad 119.)$$

$$2\,CO + O_2 \rightleftarrows 2\,CO_2 \pm 136000 \text{ Kal.} \quad \ldots \quad 120.)$$

Die beiden Gleichungen veranschaulichen von links gelesen den Verbrennungsvorgang für Wasserstoff, bezw. Kohlenoxyd (es werden hierbei 137400 Kalorien frei) und von rechts gelesen die Wasserdampf- bezw. Kohlensäure-Dissoziation (wobei 136000 Kalorien absorbiert werden). Während der Verbrennung finden beide Formen statt: Verbrennung und Dissoziation. Bezeichnet man die Parzialdrucke der chemischen Elemente mit p_O, p_{H_2O}, p_{CO} und p_{CO_2}, so ist die entwickelte Arbeit

$$A = R.\,T.\,\ln k \quad \ldots \quad 121.)$$

worin die Koeffizienten des chemischen Gleichgewichtes

$$K_{H_2O} = \frac{p_O \cdot p_H{}^2}{p_{H_2O}^2} \quad \ldots \quad 122.)$$

$$\text{und } K_{CO_2} = \frac{p_{CO}^2\, p_O}{p_{CO_2}^2} \quad \ldots \quad 123.)$$

sind.

Aus der nachstehenden Tabelle XXXIX kann man ersehen, daß bei den sich im Motor entwickelten Drucke und Temperaturen der Dissoziationsgrad nicht höher als 5 v. H. ist. Infolgedessen ist die Erklärung für das starke Temperaturgefälle bei der Verbrennung im Motor durch die Dissoziation, wie man sie häufig in der Literatur vorfindet, nicht richtig.

Unter Beibehaltung der früheren Bezeichnung wird die innere Energie am Ende der Verdichtung

$$U_5 = C_5 \cdot T_5 + A' \quad \ldots \quad 124.)$$

die innere Energie am Ende der Verbrennung (Tabelle XXXX)

$$U_6 = C_6 \cdot T_6 + B \quad \ldots \quad 125.)$$

Tabelle XXXIX.

Temperatur T °C	Druck p kg/cm²	Dissotiationsgrad in % Wasserdampf	Kohlensäure
1000	0,1	$6{,}7 \cdot 10^{-5}$	$4{,}5 \cdot 10^{-5}$
1500		$4{,}8 \cdot 10^{-2}$	$8{,}6 \cdot 10^{-2}$
2000		1,2	3,5
2500		7,2	25,5
1000	1,0	$3{,}1 \cdot 10^{-5}$	$2{,}1 \cdot 10^{-5}$
1500		$2{,}2 \cdot 10^{-2}$	$4{,}0 \cdot 10^{-2}$
2000		0,57	2,1
2500		4,1	16,95
3000		13,00	55,10
1000	10,0	$1{,}4 \cdot 10^{-5}$	$9{,}8 \cdot 10^{-6}$
1500		$1{,}1 \cdot 10^{-2}$	$1{,}9 \cdot 10^{-2}$
2000		0,26	0,74
2500		1,6	6,2

Tabelle XXXX.

Temperatur	Molekularwärme Wasserstoff	Kohlenoxyde
0	67420	59856
288	67770	57290
1000	65900	58350
1500	64800	58080
2000	63840	65800
2500	62890	52680
3000	62370	50420

Während der Verbrennung wird die Wärmemenge $Q_5{}^6$ abgegeben und die Arbeit $A \cdot L_5{}^6$ geleistet. Folglich ist

$$U_5 = U_6 + Q_5{}^6 + A \cdot L_5{}^6 \quad \ldots \quad 126.)$$

Ist die Wärmemenge der Ladung im Punkte 5 (Abb. 3) H_5 so wird

$$H_5 = H^0 - C_m \cdot T \quad \ldots \quad 127.)$$

(H^0 = die Molekularwärme bei T = O)

Werden nach der Verbrennung die Gase auf T_5, V_5 abgekühlt, so ist

$$C_0 T_0 - C_m T_5 = H_5 - Q_5{}^6 - A \cdot L_5{}^6 \quad \ldots \quad 128.)$$

oder gemäß Gleichung 127 und 128

$$H^0 - Q_5{}^6 - A \cdot L_5{}^6 = C_6 \cdot T_6 - C_5 \cdot T_5 \quad \ldots \quad 129.)$$

oder gemäß Gleichung 124—126

$$A—B = C_6 \cdot T_6 - C_5 T_5 + Q_5{}^6 + A \cdot L_5{}^6 \quad \ldots \quad 130.)$$

Aus Gleichung 129 und 130 folgt

$$A - B = H^0 \quad \text{. . . . . 131.)}$$

$$A = H^0 + B \quad \text{. . . . . 132.)}$$

d. h. $A - B$ ist die während der Verbrennung freigewordene chemische Energie, die der Molekularwärme bei $T = 0^0$ gleich ist.

Aus Gleichung 129 folgt, daß die Temperatur nach der Verbrennung

$$T_6 = \frac{H^0 - Q_5{}^6 - A \cdot L_5{}^6 + C_5 \cdot T_5}{C_6} \quad \text{. . . . . 133.)}$$

wird.

Wird die Temperatur im Punkte 6 (Abb. 3) rechnerisch bestimmt, so wird das Ergebnis der Rechnung immer größer sein, als die wirklich beobachtete Temperatur. So hat Burstall und Grover T_6 mit 1500 bis 1600° C beobachtet, während die Rechnung meist T_6 mit 1800 und mehr ergibt. Die Begründung dieser Erscheinung läßt sich folgendermaßen erklären. Zur rechnerischen Bestimmung von T wird man immer die Gleichungen

$$Q_5{}^6 = G \cdot C_v (T_6 - T_5) \quad \text{. . . . . 134.)}$$

$$T_6 = T_5 + \frac{Q_5{}^6}{G \cdot C_v} \quad \text{. . . . . 135.)}$$

verwenden, die eine vollkommene und momentane Verbrennung, einen verlustlosen Prozeß und eine Beendigung der Verbrennung im Punkte 6 voraussetzt. In Wirklichkeit dauert aber die Verbrennung während des Ausdehnungshubes noch eine Zeitlang an (nach Clerk 25 %), was einen großen Wärmeverlust zur Folge hat. Da sich ferner die Verbrennung nicht momentan vollzieht, sondern eine bestimmte Zeit benötigt, so kann die hohe Temperatur, wie sie die Rechnung voraussetzt, nicht erreicht werden (Tabellen LV—LVIII).

Den Verbrennungsprozeß kann man sich als aus zwei Perioden bestehend vorstellen: 1. Teilweise Erwärmung der Ladung durch den Zündfunken, wobei die Reaktionsgeschwindigkeit an dieser Stelle und die Wärmeverbreitung durch Übertragung auf benachbarte Teile, vergrößert wird. 2. Die Erwärmung der benachbarten Teile ruft eine Vergrößerung des Verdichtungsdruckes der benachbarten Teile und eine Erwärmung über die Selbstzündungstemperatur hervor, nachdem eine Explosionswelle gebildet wird (Dixon), welche eine rasche Vergrößerung der Fortpflanzungsgeschwindigkeit hervorruft. Um die Fortpflanzungsgeschwindigkeit der Verbrennung zu bestimmen, haben verschiedene Forscher Untersuchungen angestellt (Neumann, Hopkinson, Grover, Joudge, Nägel und Clerk). Die Untersuchungen des Technologischen Instituts in Boston haben eine unbedeutende Größe für die Verbrennungsgeschwindigkeit ergeben (2—3 m/s), während die mittlere Kolbengeschwindigkeit bis 20 m/s erreichte (siehe Tabellen XXXXIV—LXXII).

Tabelle XXXXI (Versuche von Clerk, Slaby und Thurston).

$t_4 = 120^0$ C

$t_1 = 400^0$ C

Tabelle XXXXII (Versuche von Benecke).

$t_{Wassereinlaß}$	19	19,5	19,5	100	110
$t_{Wasserauslaß}$	25	55	100	100	110
N_e	4,77	4,47	3,97	4,07	3,94

Tabelle XXXXIII (Versuche von Hopkinson).

Zündzeit (1 Teil Leuchtgas + 9 Teile Luft)

Gemisch im Ruhezustand	0,13 sk
Gemisch mit Ventilator durchwirbelt	
bei n = 2000 . .	0,03 sk
„ n = 4500	0,02 sk

Tabelle XXXXIV (Versuche von Grover).

Verbrennung von Leuchtgas-Luftgemisch.

L/B . . . . . . =	15	14	13	12	10	8	6
Maximaldruck Pfd./Qu.Zoll	31	39	46	51	63	77	77
„ berechnet	73	76	79	83	92	104	114

Tabelle XXXXV (Versuche von Clerk).

Höchster Entzündungsdruck.

L/B	Versuchs-ergebnisse	Berechent bei C_v = konstant	Berechnet bei $c_v = a + Ct$
14	55	110	83
12	75	123	90,5
11	76	132	95
9	93	161	121
7	102	190	131
5	106	206	123
4	9	196	—

Der große Unterschied zwischen der Verbrennungsgeschwindigkeit und der Kolbengeschwindigkeit wird dadurch erklärt, daß die Untersuchungen mit einem geschlossenen Gefäß angestellt wurden, in welchem sich die Gase in einem ruhigen Zustand befanden, während im Motor sich die Gase in einem Zustand der Wirbelung befinden. Die Untersuchungen von Mallard, Le Chatelier und Hopkinson (Tabellen XXXVII und XXXVIII und XXXVII und LIII) zeigen, daß bei der Durchwirbelung des Gas-Luftgemisches eine größere Fortpflanzungsgeschwindigkeit der Verbrennung erreicht wird. Der Einfluß eines Ventilators hat diese Geschwindigkeit auf das 5—6fache erhöht. Dieselben

Tabelle XXXXVI (Versuche von Neumann).
Verbrennungsgeschwindigkeit von Benzin-Luftgemischen.

p = 1	α = 0,4	v m/sk
„	0,6	1,75
„	0,8	2,3
„	1,0	1,70
„	1,2	0,9
„	1,4	—
p = 2,5	0,4	0,1
„	0,6	1,75
„	0,8	2,3
„	1,0	1,8
„	1,2	1,2
„	1,4	0,45
p = 5	0,4	—
„	0,6	—
„	0,7	2,6
„	0,8	2,3
„	1,0	1,6

Tabelle XXXXVII (Versuche von Haußer).
Verbrennung von Leuchtgas-Luftgemischen.

Anfangsdruck p_1	=	1,01	1,01	1,01	1,01	1,01	1,9	1,9	1,9
Gasmenge β	=	7	9	12	14	16	8	10	12
Enddruck p_2	=	2,1	3,2	4,5	5,1	5,8	4,5	8,0	9,7
Zündzeit t	=	0,24	0,07	0,04	0,03	0,40	0,15	0,07	0,03
Anfangsdruck p_1	=	1,9	1,9	2,8	2,8	2,8	2,8	2,8	3,55
Gasmenge β	=	14	16	8	10	12	14	16	8
Enddruck p_2	=	11,0	12,2	8	12	16,3	18	19,2	8
Zündzeit t	=	0,025	—	0,5	0,14	0,06	0,03	0,025	0,15
Anfangsdruck p_1	=	3,55	3,55	3,55	3,55	4,4	4,4	4,4	4,4
Gasmenge β	=	10	12	14	16	9	10	12	14
Enddruck p_2	=	16,8	20,5	24	26,3	18	21,5	25	—
Zündzeit t	=	0,07	0,04	0,025	—	0,22	0,15	0,75	—

Tabelle XXXXVIII (Versuche von Naegel).
Verbrennung von Wasserstoff-Luftgemischen.

Anfangstemperatur	Anfangsdruck	Wasserstoffgehalt	Zündzeit	Zündgeschwindigkeit
15°	1	0,104	0,201	0,688
„	2	„	0,313	0,639
„	3	0,101	0,497	0,402
„	4	0,1	0,514	0,379
„	1	0,1813	0,0365	5,485
„	2	„	0,0346	5,785
„	3	0,1773	0,0346	6,120
„	1	0,2450	0,0188	8,220
„	2	0,2438	0,0158	12,830
„	2,5	0,2448	0,0144	13,92

Tabelle XXXXIX (Versuch von Naegel).
Verbrennung von Wasserstoff-Luftgemischen.

Anfangstemperatur	Anfangsdruck	Wasserstoffgehalt	Zündzeit	Zündgeschwindigkeit
15°	1	0,08	0,546	0,316
„	2	„	3,24	0,059
„	3,5	„	—	—
75°	1	0,16	0,0606	3,3
„	2	„	0,0547	3,658
„	3	„	0,0604	3,318
„	4	„	0,0612	3,270
„	5	„	0,0572	3,492
„	1	„	0,0525	3,813
„	2	„	0,0519	3,850
„	3	„	0,0531	3,768
„	4	„	0,0563	3,555
„	5	„	0,0548	3,653

Resultate wurden von Clerk bei künstlicher Beruhigung der Ladung erzielt. Die Arbeit von Wimplinger (Tabelle LI und LII) zeigt den großen Einfluß der neutralen Gase auf die Verbrennungsgeschwindigkeit. Die Untersuchungen von Clerk zeigen, daß der Wärmeverlust in den Abgasen größer als die Veränderung der inneren Energie der Gase beim Ausschub, die durch Rechnung bestimmt wurde, sein soll, was sich durch das Nachbrennen während der Ausdehnung erklären läßt.

Was die Frage der Zusammensetzung der Abgase betrifft, so wurden in dieser Beziehung eine Reihe von Untersuchungen durch Clerk,

Tabelle L (Massachusetts Institut of Technologie).
Verbrennung von Benzin-Luftgemischen.

Benzinmenge v. H.	Zündzeit sk	Maximaldruck Pfd/Qu.Zoll
1,51	0,083	70
1,64	0,100	73
1,79	0,090	71
1,96	0,083	76
2,17	0,058	70
2,44	0,067	80
2,56	0,075	84
2,63	0,055	86
2,78	0,083	78
3,03	0,091	76
3,23	0,083	77
3,45	0,083	77
3,85	0,075	66
4,17	0,066	60
4,76	0,066	50

Ballantin, Fenning, Watson, Neumann und dem Verfasser angestellt (Tabellen LXIV, LXV, LXVl, LXVII, LXVIII, LXIX, LXIII, LXIV). Die Versuche von Neumann, Watson und dem Verfasser ergaben, das der kleinste Brennstoffverbrauch bei Luftüberschuß von 10—15 v. H. und die größte Leistung bei einem Luftmangel von 10—12 v. H. eintrat. Tabellen LXX und LXXX, LXI, LXII, LXXVI, LXXIX, LXXX. Weiters folgt:

$$Q_5{}^6 = \int_5^6 C_v \, dT = (T_6 - T_5) \cdot \left[a + \frac{b}{2}(T_6 + T_5)\right] \quad . \; . \; 137.)$$

$$Q_1{}^7 = \int_1^7 C_v \, dT = (T_7 - T_1) \cdot \left[a + \frac{b}{2}(T_7 + T_1)\right] \quad . \; . \; 138.)$$

und

$$\eta_t = 1 - \frac{a + \frac{b}{2}(T_7 + T_1)}{a + \frac{b}{2}(T_6 + T_5)} \cdot \frac{T_7 - T_1}{T_6 - T_5} \quad . \; 139.)$$

Da $k = k_0 - \alpha T$ und

$$\frac{T_6}{T_7} \cdot \frac{K_0 - 1 - \alpha T_7}{K_0 - 1 - \alpha T_6} = \varepsilon^{K_0 - 1} \quad . \; . \; . \; . \; . \; . \; . \; . \; 140.)$$

so ist

$$T_6 - T_7 = T_6 \cdot \frac{\varepsilon^{K_0 - 1} - 1}{\varepsilon^{K_0 - 1} + \frac{\alpha T_6}{K_0 - 1 - \alpha T_6}} \quad . \; . \; . \; . \; . \; 141.)$$

α, k_6 und ε sind konstante und man kann daher annehmen, daß

$$T_7 = T_6 \left(\frac{f(T_6) + 1}{\varepsilon^{K_0 - 1} + f(T_6)}\right) \quad \ldots \quad 142.)$$

$$\frac{f(T_6) + 1}{\varepsilon^{K_0 - 1} + f(T_6)} = F(T_6) \quad \ldots \quad 143.)$$

Aus Gleichung 142 und 143 folgt:

$$T_7 = T_6 \cdot F(T_6) \quad \ldots \quad 144.)$$

Auf gleiche Weise wird

$$T_4 = T_5\, \varphi(T_5) \quad \ldots \quad 145.)$$

Angenommen, daß

$$\frac{\alpha \cdot T_5}{K_0 - 1 - \alpha \cdot T_5} = f(T_5) \quad \ldots \quad 146.)$$

und

$$\frac{f(T_5) + 1}{\varepsilon^{K_0 - 1} + f \cdot (T_5)} = \varphi \cdot (T_5) \quad \ldots \quad 147.)$$

so folgt aus Gleichung 144, 145 und 139

$$\eta_t = 1 - \left[\alpha \cdot \frac{T_6 \cdot F(T_6) - T_5\, \varphi(T_5)}{(T_6 - T_5) \cdot [a + \frac{b}{2}(T_6 + T_5)]} + \frac{T_6\, F(T_6) - T_5\, \varphi(T_5)}{T_6 - T_5} \cdot \frac{b}{2} \cdot \frac{T_6\, F(T_6) + T_5\, \varphi(T_5)}{\alpha + \frac{b}{2} \cdot (T_5 + T_6)}\right] \quad \ldots \quad 148.)$$

oder

$$\eta_t = 1 - (A + B \cdot C) \quad \ldots \quad 149.)$$

Untersucht man die Veränderlichkeit der Größen A, B und C, so findet man, daß

1. das Glied A sich fast garnicht verändert und nur eine geringe Tendenz hat, zu steigen.

2. die Glieder B und C sich mit zunehmender Temperatur vergrößern, d. h. bei Temperaturzunahme wird sich der thermische Wirkungsgrad η_t verkleinern.

Bisher war die Änderung der Gemischzusammensetzung nicht berücksichtigt, d. h., daß $\alpha^g = g^m$ und $K_0{}^g = K_0{}^m$ angenommen wurde. In Wirklichkeit ist $K_0{}^g < K_0{}^m$ und $\alpha^g > \alpha^m$, so daß das Sinken des Wirkungsgrades noch rascher eintritt. Um den Einfluß der Drehzahl auf den thermischen Wirkungsgrad beurteilen zu können, ist es notwendig, den Einfluß der Temperatur auf die Drehzahl kennen zu lernen. Wird die Menge der inneren Energie, die mit der Ladung in den Zylinder eingeführt wird, mit u bezeichnet und die Menge dieser Energie, die von 1 kg Brennstoff erzeugt wird, mit h, so ist

$$u = \eta_v \cdot h \quad \ldots \quad 150.)$$

Da mit der Vergrößerung der Drehzahl η_v kleiner, die Ladung aber brennstoffreicher wird, so wird u größer und die Temperatur wird bei den größeren Drehzahlen zunehmen, der Wirkungsgrad wird daher kleiner werden.

Um die Kolbengeschwindigkeit zu erhöhen und die Verbrennung im Punkte 6 (Abb. 3) zu Ende zu bringen, muß mit Vorzündung oder

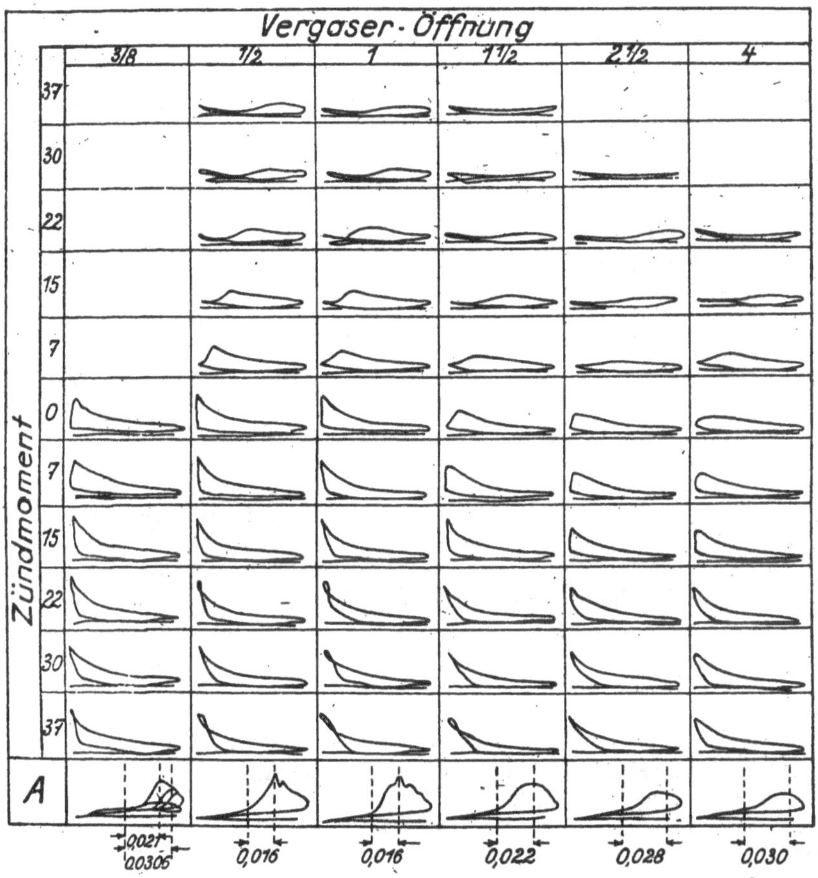

Abb. 5.

Zweifunken-Zündung gearbeitet werden. (Siehe die Versuchergebnisse von Neumann, Honold und Gage (Tabelle LXX, LXXVII und Abb. 5).

Die Verteilung der Wärmeverluste ist aus den Versuchen von Burstall zu ersehen:

Tabelle LI.

Brennstoff	Verbrennungsgeschwindigkeit im Rohr	Verbrennungsgeschwindigkeit in der Bombe
8 v. H. CH_4	0,29 m/sk	0,94 m/sk
10 v. H. „	0,40 „	2,65 „
21 v. H. H_2	2,0 „	7,82 „

Tabelle LII.

Einfluß der neutralen Gase.

	Verbrennungsgeschwindigkeit m/sk
$2\,CO + O_2$	5,4
$2\,CO + O_2 + CO_2$	4,15
$H_2 + O_2$	125
$H + O + N$	39
$H + O + 3\,N$	11
$H + O + 4\,N$	7,4

Tabelle LIII.

Einfluß des Ladungszustandes.

	Zeit der Verbrennung m/sk
Ladung ruhig	0,13
Ladung in Wirbelung versetzt durch Ventilator	
bei n = 2000	0,03
„ n = 4000	0,02

Tabelle LIV (Versuche von Naegel).

(Leuchtgas.)

Wärmeverbrauch W-E/1 PS/st	ε	$m = \frac{1 + L/B}{H} \cdot 100$
3700	3,63	1,5
3400	„	2,0
3300	6,56	1,5
2800	„	2,0
2700	„	2,5
2650	8,16	2,0
2550	„	2,5

Tabelle LV (Versuche von Mees).

n	=	161,3	238	312,5	385	454,5	555	715
η_t	=	0,495	0,480	0,475	0,463	0,45	0,435	0,41
p_5	=	21	—	27	—	32	—	38
p_6	=	2	—	3	—	4	—	4,8
t_5	=	1260	1500	1700	—	2000	—	2400
t_6	=	680	—	850	—	1200	—	1600

Es gehen
durch den Zylinderkopf und Ventile 44,5 v. H.,
„ „ Kolben 13,5 „ „ und
„ die Zylinderwandungen 40 „ „
Wärme verloren. Durch die Abgase werden 46,5 — 13,5 = 33 v. H. Wärme abgeführt.

4. Mechanische Verluste im Motor.

Die mechanischen Verluste im Motor setzen sich zusammen aus: a) Reibung der sich bewegenden Teile (Kolbenreibung, Lagerreibung usw.), b) Arbeit für Hilfsmechanismen (Zündapparat, Kühlwasserpumpe, Ventilator usw.).

Bezeichnet man die Arbeitsleistung für
den Antrieb der Hilfsmechanismen mit N' (Tabelle LXXXVIII und LXXXVII),
für die Kolbenreibung, hervorgerufen durch den Verbrennungsdruck, mit N_1,
„ „ Kolbenreibung, hervorgerufen durch den Massendruck, mit N_2 und
„ „ Lagerreibung mit N_3,
so wird der mechanische Wirkungsgrad

$$\eta_m = \frac{Ne}{N' + N_1 + N_2 + N_3 + Ne} \quad \ldots \ldots \ldots \quad 151.)$$

Gemäß Abb. 6 ist

$$Q = (P_1 + P_2) \cdot \operatorname{tg} \alpha \quad \ldots \ldots \ldots \quad 152.)$$

worin P_1 der Normaldruck aus dem Arbeitsprozeß und P_2 der Normaldruck aus den Massenkräften ist.

Da sich die Größen P_1, P_2 und α während der Kolbenbewegung ändern, so werden sich auch die Normaldrucke fortwährend ändern. Der größte Normaldruck findet nach 10—12 v. H. des Kolbenhubes statt. Um die Normaldrucke zu vermindern und die Seitendrücke auszugleichen, wird häufig die Zylinderachse nach der Seite hin, verschoben (Abb. 7).

In diesem Falle wird für den Kolbenlauf nach unten $\alpha' < \alpha$, $Q' < Q$ und nach oben $\alpha' > \alpha$, $Q' > Q$.

Die seitliche Verschiebung der Zylinderachse ruft eine Ungleichheit zwischen der Kolbenbewegung nach unten und nach oben hervor. Die Kolbengeschwindigkeit nach unten (Ansaugen und Ausdehnen) wird kleiner sein als die nach oben (Verdichten und Ausschub). Der Unterschied kann 3—5 v. H. ausmachen.

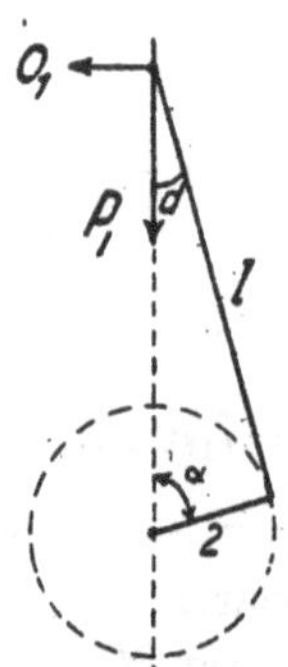

Abb. 6.

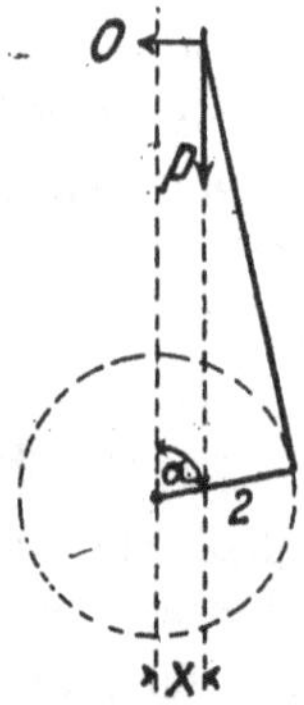

Abb. 7.

Die Reibungsarbeit wird

$$N_1 = K_1 \cdot Q_1 \cdot s \quad . \quad . \quad . \quad . \quad 153.)$$

$$N_2 = K_2 \cdot Q_2 \cdot s \quad . \quad . \quad . \quad . \quad 154.)$$

und

$$N = K \cdot Q \cdot s = N_1 + N_2 \quad . \quad . \quad . \quad . \quad 155.)$$

Die Reibung flüssiger Körper hängt nicht von dem auf ihr lastenden Druck ab. Bei trockenen Körpern ist die Reibung eine Funktion des Druckes. Die Kolbenreibung — ein Zwischenfall — wird von dem Seitendruck abhängig sein. Da die Reibungsarbeit der Kolbengeschwindigkeit proportional ist, so wird sie von der Drehzahl abhängig sein. Ist das Gewicht der sich bewegenden Teile, das auf 1 m^2 Kolbenfläche kommt, g, so wird

$$P_2 = \frac{k' g \cdot n^2 \cdot s}{2} \text{ kg/m}^2 \quad . \quad . \quad . \quad . \quad 156.)$$

$$k' = 0{,}00000\ 365$$

Ist

$$s = \frac{\pi \cdot n}{30} \quad . \quad 157.)$$

so wird

$$P_2 = K \cdot n^3 \quad . \quad . \quad . \quad . \quad 158.)$$

d. h., daß der Seitendruck, der durch die Massenwirkung hervorgerufen wird, der dritten Potenz der Drehzahl proportional ist, daher wird der Massendruck bei höheren Drehzahlen eine große Rolle spielen.

Demnach ist

$$N = K' n^x + K'' n^y \quad \ldots \ldots \ldots \quad 159.)$$

wobei $1 < x > 2$ und $y = 3$.

Nach Burls kann das Gewicht der sich bewegenden Teile gesetzt werden:

bei Kolben aus Gußeisen $G = 0{,}59\,D^3\,(1 + 0{,}38r) + 0{,}68\,kg$ 160.)

„ „ „ Stahl $G = 0{,}37\,D^3\,(1 + 0{,}38r) + 0{,}68\,kg$ 161.)

„ „ „ Aluminium $G = 0{,}23\,D^3\,(1 + 0{,}38r) + 0{,}68\,kg$ 162.)

Die Untersuchungen von Pomery (Tabelle LXXXXVII) zeigen, daß die Reibungsverluste für den Antrieb der Kurbelwelle, bei $n = 3750$, einen mittleren Druck von 2,7 Pfd. auf den Quadratfuß im Vocksholl und einen solchen von 2,0 Pfd. auf den Quadratfuß in Pirce Arrow entspricht.

Tabelle LVI (Versuche von Hopkinson).

Zündzeit sk	Zündtemperatur °C
0,008	560
0,024	995
0,041	1135
0,057	1165
0,074	1165
0,09	1225
0,107	1260
0,123	1275
0,140	1275
0,173	1400
0,260	1710

Tabelle LVII (Versuche von Callendar und Dalby).

Ansaugtemperatur.

Kurbelwinkel =	90°	180°	270°
t_4 °C =	100	250	75

Tabelle LVIII (Versuche von Cocker).

Saughub =	0°	90°	180°	Ausdehnungshub =	0°	20°	90°	180°
t_4 °C =	550	400	250	t_6 °C =	400	1800	1100	800
Verdichtungshub =	0°	90°	180°	Auslaßhub =	0°		90°	180°
t_5 °C =	250	200	400	t_1 °C =	800		650	550

Tabelle LVIII (Versuche von Watson).

Einfluß des Verdichtungsverhältnisses.

ε	=	3,92	7,35	4,71
N_e	=	17,8	19,0	20,0
η_t	=	0,26	0,27	0,28

Tabelle LIX (Versuche von Horse, Power, Commithe).

$p_{Verd.} = c \cdot p_{eff.}$

bei ε =	4—5	3,5—4	2,7—3,5
c =	0,60	0,65	0,75

Tabelle LX (Versuche von Fenning).

Verbrennung von Petroleum und Luft.

L/B		8,99	10,14	11,06	12,81	14,97	17,88	22,05
Volumenveränderung	v.H.	+6,5	+1,8	—1,3	—5,7	—9,3	—8,2	—6,7
CO_2	v.H.	5,6	7,1	8,2	11,3	14,3	12,9	9,9
O_2	v.H.	0,2	—	0,2	—	0,1	3,3	6,5
CO	v.H.	13,9	—	9,6	5,2	0,3	—	—

Tabelle LXI (Versuche von Neumann).

α	=	1,08	1,10	1,15	1,10
N_e	=	3,4	4,2	5,0	6,0
η_t	=	0,154	0,168	0,211	0,214

Tabelle LXII (Versuche von W. Ghittis).

max η_t bei $\alpha = 1,17$
max N_e „ $\alpha = 0,85$

Die Untersuchungen von Sommerfeld und Stribeck zeigen, daß der Reibungskoeffizient mit zunehmender Drehzahl anfangs wächst, dann aber wieder abnimmt. Die Versuche von Joudge und Ricardo (Tabelle LXXXXVIII und C) zeigen, daß die Arbeitsverluste durch den Steuerungsantrieb mit zunehmender Drehzahl wachsen. Für Schiebermotoren sind die Arbeitsverluste größer als für Ventilmotoren.

Nach Joudge ist für Ansaugen $P_m = 1,1$ Pfd. / Zoll²
„ Verdichten „ = 25 „
„ Ausdehnen „ = 146 „

Es wird mithin bei der Zunahme der Drehzahl

1. die Kolbenreibung vergrößert in Bezug auf n^K wobei $K > 1$,
2. die vom Massendruck hervorgerufene Kolbenreibung nimmt mit n^3 zu,

Tabelle LXIII (Versuche von Joudge und Watson).

Verbrennung im Automobilmotor.

Luft/Benzin	Zündzeit sk
8,5	0,01
9	0,011
9,7	0,016
10	0,017
11,3	0,017
13,6	0,018
14,6	0,018
17,3	0,025

Luft/Benzin	Kurbelwinkel
15/1	—40°
"	—20°
"	0°
"	10°
"	20°
"	30°
"	45°
"	60°
"	80°
"	90°

Tabelle LXIV (Versuche von Fenning).

Benzin.

L/B . .	7,98	9,8	11,47	14,39	17,39	14,45
CO_2 . v. H.	6,1	14,4	13,6	15,9	12,9	16,4
O_2 . v. H.	0,8	0,7	0,7	1,3	—	7,2
CO . v. H.	16,75	13,55	5	0,2	0,1	—

Tabelle LXV (Versuche von Fenning).

Auspuffanalyse.

Luft/Benzin	8,07	9,44	12,7	14,8	16,82	20,86
Volumenänderung v. H.	5	—	—5,8	—6,1	—5,5	—4,8
CO_2 . . . . . . v. H.	7,6	10,2	15,7	15,2	13,6	11,1
O_2 . . . . . . v. H.	—	—	—	2,6	4,6	7,5
CO . . . . . . v. H.	16	11,4	24	—	—	—

Tabelle LXVI.

(d = 102, s = 129).

Luft/Benzol		7,98	9,8	11,47	14,39	17,39	19,45
CO_2	v.H.	6,1	10,4	13,6	15,3	12,9	11,4
O_2	v.H.	0,8	0,7	0,7	1,3	5	7,2
CO	v.H.	16,75	13,55	5	0,2	0,1	—

Tabelle LXVII (Versuche von Watson).

Auspuffgasanalyse von Automobilmotoren.

Luft/Benzin	9	10	11	12	13	14	15
CO	12	9,6	7,3	5,0	2,6	0,4	0
H_2	4,3	3,5	2,6	1,8	0,9	0,1	0
CH_4	1,4	1,2	0,9	0,6	0,3	0	0
CO_2	6,7	8,2	9,6	11,1	12,5	14,5	13
O_2	0	0	0	0	0	0,4	1,7
N_2	75,6	77,5	79,6	81,6	83,7	85,1	85,3

Tabelle LXVIII (Versuche von Clerk).

(Siddeley 18 PS, Prattspiritus).

CO	v. H.	0,5—0,4	0—1,8	3,6—2,2
H_2	v. H.	0,2—0,1	0—0,6	1,2—0,8
CH_4	v. H.	—	0—0,3	0,4—0,3
H_2O		←	Spuren	→
CO_2		5—6	9,9—11	11,7—12,2
O_2		11,8—10,2	11,2—10	0,1—0,6

Tabelle LXIX. (Versuche von Ballantin).

Automobil-Auspuffgasanalyse (Cadillac).

						im Beschleunigungsmoment
n =	300	550	950	1250	1580	—
	16	36	48	64	76	—
CO	0	0,2	0,2	0,2	0	0
H	0	0,1	0,1	0,1	0,1	0
CH_4	0	0	0	0	0	0
CO_2	13,4	13,8	13,5	13,4	13,8	6,8
O	1,2	0,2	0,2	1,2	0,6	10,9

Tabelle LXX (Versuche von Neumann).

Vorzündung		0°	5°	10°	15°	20°	25°
N_e	=	2,8	5,2	5,9	5,8	5,4	5,0
η_t .	=	0,08	0,15	0,19	0,18	0,17	0,15
t_1	=	1120	970	995	865	—	845

Tabelle LXXI (Versuche von Hopkinson).
Kühlungseinfluss.

		Wasser-temperatur	Schmierung	Antriebs-leistung
Motor	warm	180° F	normal	4,0 PS
„	kalt	70° „	„	6,5 „
„	„	70° „	„	4,7 „

Tabelle LXXII (Versuche von Witz).

Explosionszeit .	sk	0,17	0,12	0,11	0,08	0,05	0,045
Geleistete Arbeit	mkg	22	29	34	42	53	60

Tabelle LXXIII (Versuche von Hopkinson).

Gasmenge	v. H.	9	10	11
η_e . . .		0,361	0,345	0,33

Tabelle LXXIV.
Spezifische Motorleistung.

	n		
	n =	1000—1300	7—8 $PS/_{Liter}$
		1300—1500	8—9 „
		1500—2000	16—18 „
Talbot	n =	3200	27 „
Seenbem		3000	28 „
Knight		1200	9—10 „
„		2000	14—16 „
Vauxhall		5500	41 „

Tabelle LXXV (Versuche von Cocker).
Wandtemperatur.

	N_e	7,3	7,4	7,4	7,3	7,8	7,8	7,8
	t_{Wasser}	21	32	40	38	70	87	93
Temperatur in	A	239	238	237	180	186	187	197
	B	52	57	63	57	82	101	108
	C	35	41	47	48	66	93	107
	D	34	40	45	45	68	90	102
	F	35	41	46	46	66	89	101

Tabelle LXXVI (Versuche von Gibson und Walker).

(National).

L/B	Wasser-verluste v. H.	Gas-verluste v. H.	η_e	η_i	η_m
7	23	38	0,28	0,32	0,90
7	22	41	0,27	0,325	0,85
7	21	43	0,25	0,33	0,78
9	19	37,5	0,28	0,33	0,86
9	18	40,5	0,27	0,335	0,81
9	17	42,5	0,25	0,34	0,74
11	16	37	0,275	0,33	0,86
11	15	40	0,26	0,335	0,76
11	13	42	0,23	0,34	0,68

Tabelle LXXVII (Versuche von Honold).

Einfluß der Zweifunkenzündung.

Vorzündung	Drehzahl	
	Eine Funke	Zwei Funken
10°	1060	1170
20°	1120	1200
30°	1150	1230
40°	1170	1230
50°	1170	1200

Tabelle LXXVIII (Versuche von Joudge).

Polytropenexponet.

Ausdehnung	1,15—1,35	
Verdichtung	1,2—1,3	
Ausdehnung	1,18	Ventilloser Motor
Verdichtung	1,29	Ventilloser Motor

Tabelle LXXIX (Versuche von Asakawa und Petavel).

	L/B	N_e	η_i	η_e	N_i	η_m	N_i-N_e
Hochofengas	5,5	24,9	0,331	0,254	0,324	0,768	7,5
	7,5	24,3	0,349	0,268	0,316	0,768	7,3
	8,5	22,7	0,358	0,272	0,279	0,759	7,2
	9,5	—	0,35	0,269	0,312	—	—

3. die Reibung der Kurbelwelle nimmt anfangs ab, beginnt jedoch später wieder zu steigen,
4. die Arbeitsverluste für den Steuerungsantrieb nehmen zu und
5. die Arbeitsverluste für den Antrieb der Hilfsmechanismen nehmen gleichfalls zu.

Es wird nun bei niederen Drehzahlen der Einfluß von N_3 sehr groß sein, auch wird η_m zunehmen. Bei den mittleren Drehzahlen wird N_1 einen großen Einfluß haben und η_m wird langsam fallen. Bei den hohen Drehzahlen wird sich der große Einfluß der zu überwindenden großen Massendrücke bemerkbar machen und η_m rasch abnehmen. Die Versuche von Bencke, Riedler, Joudge, Callen-

Tabelle LXXX (Versuche von Watson).

α =	0,75	0,85	1,0	1,15	1,25	1,29
η_t =	0,20	0,22	0,255	0,27	0,26	0,25

Tabelle LXXXI (Versuche von Münzinger).
(Dieselmotor).

v. H. d. Hubes	Wärmeinhalt der Ladung	Koeffizient der Polytropen bei der Ausdehnung berechnet	beobachtet
20	124	1,35	1,30
20	275	1,30	1,38
20	352	1,29	1,27
30	124	1,35	1,38
30	275	1,31	1,39
30	352	1,30	1,30
40	124	1,32	1,41
40	275	1,32	1,40
40	352	1,38	1,47
60	124	1,38	1,47
60	275	1,33	1,42
60	352	1,31	1,37
80	124	1,139	1,148
80	275	1,34	1,42
80	352	1,31	1,39

Tabelle LXXXII (Versuche von Hopkinson).

Wassertemperatur	82⁰	70⁰	70⁰	70⁰
Schmierung . . .	normal	normal	stark	mit Wasseranspritzung
$N_i - N_e$	4	6,5	4,7	2,7

Tabelle LXXXIII (Versuche von Hopkinson).

n . . =	200	200	200	400	400	400	600	600	600
t_{Wasser} =	19	66	100	19	66	100	19	66	100
$N_i—N_e$ =	0,8	0,7	0,6	1,5	1,1	0,95	2,6	2,0	1,6

Tabelle LXXXIV (Versuche von Hopkinson).

Gasmenge	v. H.	9	10	11
η_t		0,361	0,345	0,33

Tabelle LXXXV (Versuche von Eberle).

n =	306,6	402,4	498,9
t_1 =	369	390	443
η_m =	0,798	0,762	0,786

Tabelle LXXXVI (Versuche von Riedler).

Steuerungsarbeit (Ventilmotor) 5 %
„ (Schiebermotor) 4 %

Tabelle LXXXVII (Versuche von Joudge und Hopkinson).

Mechanische Verluste.

		Talbot	Daimler
Reibungsverluste	v. H.	75	82
Ladungsverluste	v. H.	25	18

Tabelle LXXXVIII (Versuche von Joudge).

Leistungsverbrauch.

für Motordrehung	8,8 PS
„ Magnetantrieb	0,25 „
„ Wasserpumpenantrieb	0,25 „
„ Steuerungsantrieb	0,40 „

Tabelle LXXXIX (Versuche von Riedler).

(Renault).

N_e . . . . =		10,8	15,9	20	24	26	27
Mechanische Verluste	v. H.	18,6	24,6	26,1	28,1	33,0	37,4
n . . . . =		400	600	800	1000	1200	1400
Mechanische Verluste ohne Kompression .	v. H.	16,7	18,9	21	23,8	27	31

(Benz 100 PS).

N_e . . =	45	59	70	80	91	100	101
n . . . . =	800	1000	1200	1400	1600	1800	1900
Mechanische Verluste ohne Kompression v. H.	7,1	7,1	8,5	8,75	9,9	11	—

Tabelle LXXXX (Versuche von Hopkinson).

n	=	200	400	600	800	1000	1200
Reibungsverluste . .	PS	0,4	0,8	1,4	1,75	2,5	3,2
Ladungsverluste . .	PS	0,1	0,2	0,3	0,5	0,75	1,25
Gesamtverluste . .	PS	0,5	1,0	1,7	2,25	3,25	4,45

Tabelle LXXXXI (Versuche des Horse Power Commithe).

Zylinderbohrung Zoll engl.	2,5	3	4	5	6
mitt. eff. Druck p_e Pfd./$_{Qu.Z.}$	64	75	86	96	102

$$p_e = 130 \left(1 - \frac{1,18}{D}\right) \text{Pfd.}/_{Qu.Z.}$$

Tabelle LXXXXII.

Aluminium- und Gußeisenkolben.

	n	=	800	1200	1600	1700	2000
Gußeisen-Kolben	N_e	=	11	17	20	19,8	19,5
Aluminium-Kolben	N_e	=	12	17,8	22,2	23	22,8

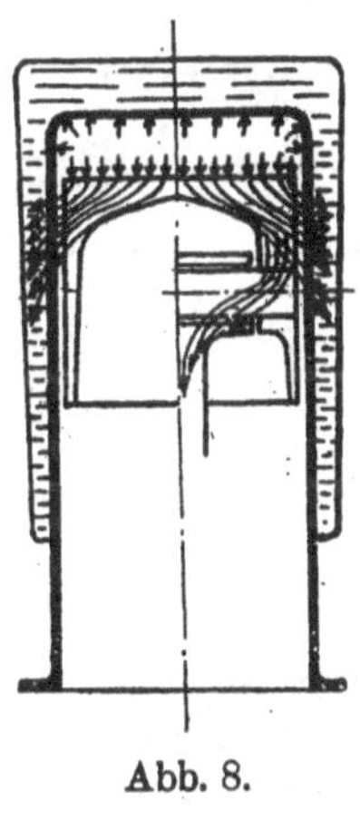

Abb. 8.

dar, Watson, Clerk und Hopkinson bestätigen dies (Tabelle CI; LXXXX, LXXXIX, LXXXV).

Der Wärmezustand des Motors bleibt auch nicht ohne Einfluß auf die Größe der mechanischen Verluste. Die Untersuchungen von Hopkinson (Tabelle LXXII, LXXXIII, LXXI und Abb. 102 u. 103) haben die Verminderung der mechanischen Verluste mit zunehmender Erwärmung des Motors erwiesen. Denselben Einfluß des Wärmezustandes des Motors auf die mechanischen Verluste, haben auch die Untersuchungen von Münzinger gezeigt (Tabelle LXXXXIII).

Der Einfluß der Zylindergröße auf η_m wurde durch die Arbeiten von Callendar klargestellt. Das Resultat dieser Untersuchungen ergibt sich aus der Formel (Tab. LXXXXI).

$$\eta_m = K\left(1 - \frac{0,3}{D}\right)\% \quad . \quad . \quad . \quad 163.)$$

K ist für Benzinmotore 0,87—0,93.

Eine weitere Vervollkommnung des Automobilmotors ist durch die Anwendung der Leichtmetallkolben möglich. Die Untersuchungen von Becker zeigen, daß die Leichtmetallkolben eine bessere Wärmeleitung haben und daher einen größeren Verdichtungsgrad gestatten. In Abb. 8 sind die Untersuchungsergebnisse mit einem gußeisernen Kolben und

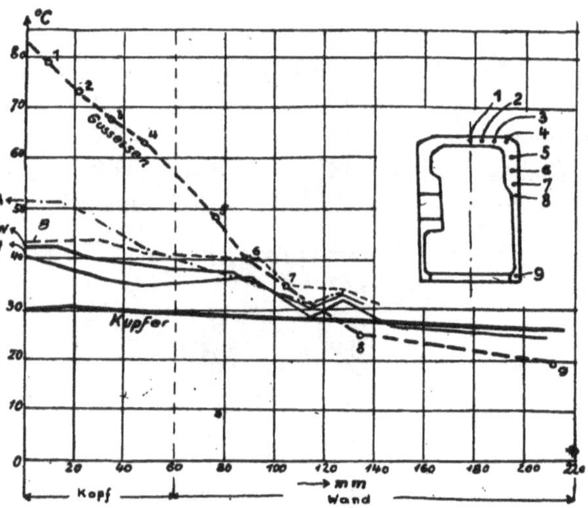

Abb. 9.

einem Leichtmetallkolben dargestellt. Aus diesen Ergebnissen ist leicht zu ersehen, daß mit den Leichtmetallkolben eine Brennstoffersparnis (infolge der höheren Verdichtung), eine Abnahme der Kühlwassertemperatur und eine Verminderung der Abgastemperatur eintritt. Die Untersuchungen haben ergeben, daß der Verdichtungsgrad von 4,15 bei Verwendung von gußeisernen Kolben auf 5,7 mit Leichtmetallkolben gesteigert werden kann.

Die Brennstoffersparnis bei Verwendung von Leichtmetallkolben kann auf 12—15 v. H. und die Leistungssteigerung auf 15—17 v. H. geschätzt werden.

Die Temperaturgefälle für gußeiserne Kolben und Leichtmetallkolben sind in Abb. 9 dargestellt.

Als Legierung für Leichtmetallkolben hat Prof. Becker folgende festgestellt:

	Al	Cu	Fe	Si	Zn	Pb	Sn	Mg	Ca
1. Hirth F	80,1	15,7	2,4	0,7	0,4	Spuren	—	—	—
2. Hirth B	82,8	14,6	1,2	0,7	0,6	—	—	—	—
3. Hirth E	83,6	14,0	1,6	0,4	0,6	—	—	—	—
4. M. N.	87,5	10,4	—	—	—	—	—	—	—
5. S. A. N.	87,1	5,9	2,7	3,4	—	—	—	0,9	—
6. R. R_1	84,5	12,3	1,1	1,8	0,1	—	—	—	—
7. H. B.	88,9	11,7	—	—	—	—	—	—	—
8. K 8	86,3	11,2	1,2	—	—	—	1,6	—	—
9. B. M. W.	88,5	10,8	1,5	0,1	0,1	—	—	—	—
10. M. W. O.	88,9	7,6	3,4	—	—	—	—	—	—
11. R. R_2	88,5	—	—	11,4	—	—	—	—	—
12. R. R_3	85,0	—	—	15,0	—	—	—	—	—
13. G. E. A.	12,0	—	—	—	—	—	—	88,0	—
14. C. M.	0,4	—	—	—	—	—	—	99,5	0,1
15. G. E. K.	—	13,5	—	0,3	—	—	—	86,2	—
16. K 15	—	15,4	—	0,2	—	—	—	84,3	—

5. Schaulinien des Vergasers.

Der Arbeitsvorgang im Vergaser kann in 4 Phasen eingeteilt werden:

1. Ansaugen der Luft,
2. Austritt des Brennstoffes aus den Düsen,
3. Bildung des Brennstoff-Luftgemisches und
4. Zuführung des Brennstoff-Luftgemisches durch das Saugrohr zu den Zylindern.

Bezeichnet

T_1 die Außenluft-Temperatur,
T_2 die Lufttemperatur im Vergaser,
p_1 den atmosphärischen Luftdruck,
p_2 den Luftdruck im Vergaser,
c_v die spezifische Wärme der Luft,
V_1 und V_2 die spezifischen Volumen der Luft,
L_1^2 = die Ausdehnungsarbeit der Luft

und wird das Ansaugen als ein adiabatischer Prozeß angenommen, so ist

$$c \cdot (T_1 - T_2) = A \cdot L_1^2 \quad \ldots\ldots\ldots\ldots \quad 164.)$$

$$p_1 v_1 = R \cdot T_1$$

$$p_2 v_2 = R \cdot T_2$$

und es folgt daraus

$$c_v \cdot (T_1 - T_2) = \frac{c}{R}(p_1 \cdot V_1 - p_2 \cdot V_2) \quad \ldots\ldots \quad 165.)$$

und

$$L_1^2 = \frac{1}{K-1} \cdot (p_1 \cdot V_1 - p_2 \cdot V_2) \quad \ldots\ldots \quad 166.)$$

Die gesamte Ausdehnungsarbeit wird nach Gleichung 166

$$L' = \frac{K}{K-1} p_1 \cdot v_1 \cdot \left[1 - \left(\frac{p_1}{p_2}\right)^{\frac{K-1}{K}}\right] \quad \ldots\ldots \quad 167.)$$

wobei $K = 1{,}4$ ist.

Demzufolge wird die Ansauggeschwindigkeit der Luft

$$v = \sqrt{2 g L'} \quad \ldots\ldots \quad 168.)$$

oder

$$v = \sqrt{2 g \cdot \frac{K}{K-1} \cdot p_1 \cdot v_1 \cdot \left[1 - \left(\frac{p_1}{p_2}\right)^{\frac{K-1}{K}}\right]} \quad \ldots\ldots \quad 169.)$$

Da der Unterdruck im Vergaser in den Grenzen von etwa 150 bis 600 mm WS schwankt, so kann man die Veränderung des Luftvolumens vernachlässigen und $v_1 = v_2$ setzen. Dann wird

$$L' = (p_1 - p_2) \cdot v_1 \quad \ldots\ldots \quad 170.)$$

oder wenn

$$p_1 - p_2 = h \quad \ldots\ldots \quad 171.)$$

$$L' = v_1 \cdot h \quad \ldots\ldots \quad 172.)$$

und

$$v = \sqrt{2 g h \cdot v_1} = \sqrt{\frac{2 g h}{\gamma}} \quad \ldots\ldots \quad 173.)$$

worin $V_1 = \frac{1}{\gamma}$ ist.

Ist f der Ansaugquerschnitt und φ der Ausflußkoeffizient, so wird die stündliche Luftmenge

$$L = 3600\, \varphi \cdot f \cdot \sqrt{\frac{2 g \cdot h}{\gamma}}\ m^3 \quad \ldots\ldots \quad 174.)$$

In dieser Formel sind alle Größen bis auf L und γ für einen gegebenen Vergaser bekannt, daher

$$L = K \cdot \sqrt{\frac{h}{\gamma}} \quad \ldots\ldots \quad 175.)$$

worin

$$K = 3600\, \varphi \cdot f \cdot \sqrt{2 g} \quad \ldots\ldots \quad 176.)$$

ist.

In Tabelle LXXXXIV sind die spezifischen Gewichte der Luft für verschiedene Unterdrücke im Vergaser angegeben.

Tabelle LXXXXIII (Versuche von Münzinger).

Reibungsarbeit in v. H. der Leergangarbeit.

Motoren / Belastungen	I	II	III	IV	V	VI	VII	VIII
5/4	—	+ 40	+ 12	—	—	—	—	—
1/1	+ 35	+ 40	+ 12	+ 7	— 21	— 21	— 20	— 24
3/4	+ 30	+ 35	+ 11	+ 11	— 15	— 20	— 18	— 20
1/2	+ 23	+ 25	+ 10	+ 11	— 8	— 18	— 16	— 18
1/4	+ 15	+ 18	+ 6	+ 10	— 1	— 19	— 5	— 12

Motor I	300 PS,	2-Zylinder,	Güldner	n = 150	
„ II	200 „	2- „	M. A. N.	n = 162	
„ III	200 „	———	Sulzer		
„ IV	70 „	1-Zylinder,	M. A. N.	n = 170	
„ V	35 „	1- „	M. A. N.	n = 170	
„ VI	8 „	1- „	M. A. N.	n = 270	
„ VII	15 „	1- „	M. A. N.	n = 236	(kalt)
„ VIII	15 „	1- „	M. A. N.	n = 270	(warm)

Tabelle LXXXXIV.

Unterdruck im Vergaser (mm W.-S.).

	100	200	300	400	500	600
Spez. Luftgewicht	1,232	1,22	1,212	1,196	1,185	1,172

Tabelle LXXXXV.

Brennstoff	theoretische Luftmenge kg/kg
Benzin	14,34
Benzol	14,4
Methylspiritus	8,8
Petroleum	11,4
Äther	9,4
Terpentin	14,27
Azeton	9,55
Naphtalin	12,99

Tabelle LXXXXVI (Versuche von Ricardo).

Mittlere Drücke.

Ansaugen	1,1	Pfd./Qu.Z.
Verdichten	25	„
Ausdehnen	146	„
Mittlerer indiz. Druck	120	„

Tabelle LXXXXVII.

Kurbelzapfen- und Kolbenreibung: Wocksholl	2,7 Pfd./$_{Qu.Z.}$	bei	n = 3700
„ „ „ Pierce-Arrow	2,0 „	„	n = 3700
Magnet-Leistungsverbrauch	0,072 PS	„	n = 1500
Kühlwasserpumpe-Leistungsverbrauch	0,051 „	„	n = 1500

Tabelle LXXXXVIII (Versuche von Watson).

Drücke im Saugrohr.

Einzylinder n = 1200.

Kurbelwinkel	0	120	180	240	360	480	540	720°
Drücke	0	—3,5	—2,2	—0,1	0	0	—0,5	0

Vierzylinder n = 1800.

Kurbelwinkel	0	60	120	180	240°
Drücke	—2	—0,5	—2,1	—1,9	—0,2

Drücke im Auspuffrohr.

n	= 800	900	1000	1100	1200	1300
p . . . Pfd./$_{Qu.Z.}$	= 2,1	3,0	3,7	4,5	4,7	5

Vierzylinder n = 1200.

Kurbelwinkel	= 0	60	120	180°
p	= 2,2	0	—1,2	1

Tabelle LXXXXIX (Versuche von Riedler).

n	Drosselklappe offen bei der Brennstoffdüse	in dem Mischraum	in der Leitung	Drosselklappe geschlossen bei der Brennstoffdüse	in dem Mischraum	in der Leitung
200	30	50	60	10	20	25
400	100	190	210	30	60	90
600	150	310	360	60	120	180
800	200	410	480	80	170	250
1000	200	470	520	100	190	280

Tabelle C (Versuche von Joudge).

n =	600	800	1000	1200	1400
Steuerungsarbeit Ventilmotor PS =	1,6	2	3	4	5
Steuerungsarbeit Schiebermotor PS =	0,7	1,2	2	2,3	—

Das mittlere spezifische Gewicht der Luft ist $\frac{1,172 + 1,202}{2} = 1,202$

Man kann daher mit einem mittleren spezifischen Gewicht von 1,202 rechnen, wobei der Fehler kleiner als 2 v. H. ist. Die Größe des

Luftquerschnittes im Vergaser muß eine Luftgeschwindigkeit von 50—80 m/s zulassen. Da die verschiedenen Brennstoffe verschiedene Luftmengen benötigen, so muß der Vergaser jeweils dem Brennstoff angepaßt werden. Tabelle LXXXV zeigt die verschiedenen Brennstoffe und die von ihnen benötigten theoretischen Luftmengen.

Da sich das Mischungsverhältnis der Ladung aus dem Verhältnis der angesaugten Brennstoff- und Luftmenge bestimmt, so muß die Vergaserregelung für jeden Brennstoff durch Regelung der Brennstoff- oder Luftmenge erfolgen. Die Regelung der Luftmenge ist besonders dann erforderlich, wenn der neue Brennstoff weniger Luft benötigt, wobei die Verringerung des Luftquerschnittes immer eine Verminderung des volumetrischen Wirkungsgrades zur Folge hat. Man soll daher die Luftregelung nicht anwenden und soll die Regelung des Gemisches nur mit Hilfe der Brennstoffregulierung vorgenommen werden. Die

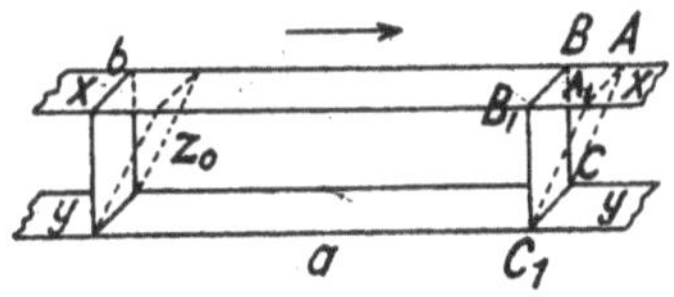

Abb. 10.

Untersuchungen des Verfassers und die unter seiner Leitung im Jahre 1918—1920 angestellten Versuche mit Spiritus, Terpentin, Azeton, Toluol, Naphtalin, Äther, Petroleum und deren Mischungen haben dies bestätigt.

Kommt als Betriebsstoff eine Mischung verschiedener Brennstoffe im %-Gehalt zur Anwendung, bei der die verschiedenen Brennstoffe die Luftmengen L_1^t, L_2^t, L_3^t ...... benötigen, so wird der Luftverbrauch der Mischung

$$L^t = 0{,}01\, G_1 \cdot L_1^t + 0{,}01\, G_2 \cdot L_2^t + 0{,}01 \cdot G_3 \cdot L_3^t \ldots\ldots \quad 177.)$$

Unter dem Einfluß des im Vergaser herrschenden Unterdruckes, fließt der Brennstoff aus der Düse, die ein Kapillarrohr darstellt. Denken wir uns eine dünne Flüssigkeitsschicht zwischen zwei parallelen Flächen, von denen die untere fest und die obere in paralleler Bewegung ist, so wird die Flüssigkeitsschicht, die mit der bewegten Fläche in Berührung ist, durch letztere in Bewegung versetzt, während die Flüssigkeitsschicht, die mit der in Ruhe befindlichen Fläche in Berührung steht, unbeweglich bleibt. Die dazwischen liegenden Schichten werden sich mit verschiedener Geschwindigkeit bewegen. Da der Reibungswiderstand in allen Schichten derselbe ist, so wird, wenn die anfängliche Verteilung durch die Linie C_1 B_1 (Abb. 10) bestimmt ist, in einiger Zeit die Stellung derselben Punkte durch die

Gerade $C_1 A_1$ bestimmt. Ist die Oberfläche auf die die Reibungskräfte wirken A und die Kraft die auf 1 m^2 der Fläche wirkt f, so ist

$$F = f \cdot A \quad \text{. . . . . 178.)}$$

Das Verhältnis der Geschwindigkeit V auf der Strecke x der Fläche YY zur Geschwindigkeit V_1 auf der Fläche XX wird dann

$$\frac{V}{x} = \frac{V_1}{r_0} \quad \text{. . . . . 179.)}$$

Demzufolge ist die auf die Einheit der Fläche wirkende Kraft dem Verhältnis V/x proportional, oder mit anderen Worten

$$f = \eta \cdot \frac{V}{x} \quad \text{. . . . . 180.)}$$

worin η den Koeffizienten der inneren Reibung darstellt. Auf Grund des Vorstehenden ist

$$F = f \cdot a \cdot b \quad \text{. . . . . 181.)}$$

und

$$F = \eta \cdot a \cdot b \cdot \frac{V}{x} \quad \text{. . . . . . . 182.)}$$

oder

$$F = \eta \frac{V_1}{r_0} \cdot a \cdot b \quad \text{. . 183.)}$$

Aus Gleichung 183 folgt, daß

$$V_1 = \frac{F \cdot \varepsilon_0}{\eta \cdot a \cdot b} \quad \text{. . . . . 184.)}$$

Um die Größe η zu bestimmen, muß man in der Gleichung 183 $V_1 = 1$, $r_0 = 1$ und $A = 1$ setzen, dann wird $F = \eta$. Das Volumen, das vom Sektor B' B C C' beim Übergang in die Lage A' A C C' umschrieben wird, stellt das Volumen der weitergerückten Flüssigkeit dar, d. h.

$$V = \frac{A_1 B_1 \cdot B_2 B \cdot C_1 C}{2} = \frac{V_1 b r_0}{2} \quad \text{. . . . . 185.)}$$

Aus Gleichung 181 und 184 folgt

$$V = \frac{f \cdot b \cdot r_0^2}{2 \cdot \eta} \quad \text{. . . . . 186.)}$$

Im Falle, daß der Ausfluß der Flüssigkeit zwischen zwei unbeweglichen parallelen Flächen stattfindet und der auf die Flüssigkeit wirkende Druck gleichmäßig über die ganze Fläche verteilt ist, wird die Ausflußgeschwindigkeit nicht der Flächenentfernung proportional; die Linie der Geschwindigkeitsverteilung wird eine gekrümmte Linie sein. In Abb. 11 ist der Flüssigkeitsausfluß zwischen zwei parallelen Flächen XX und YY mit der auf die Fläche b r_0 wirkenden Kraft dargestellt.

Die Kraft wirkt in diesem Falle senkrecht zur Bewegungsrichtung. Auf der Strecke a wirkt die Kraft

$$F = p \cdot b \cdot r_0 \quad \ldots \ldots \ldots \ldots \quad 187.)$$

die auf die Fläche YY einen Einfluß von

$$f_1 = \frac{p \cdot r_0}{\eta \cdot a} \quad \ldots \ldots \ldots \ldots \quad 188.)$$

und auf die Strecke r einen Einfluß von

$$f_2 = \frac{p \cdot r}{\gamma \cdot a} \quad \ldots \ldots \ldots \ldots \quad 189.)$$

ausübt.

Wird anstatt der Flächen XX und YY ein Kapilarrohr angenommen, so wird auf einer Strecke a dieses Rohres, die genügend

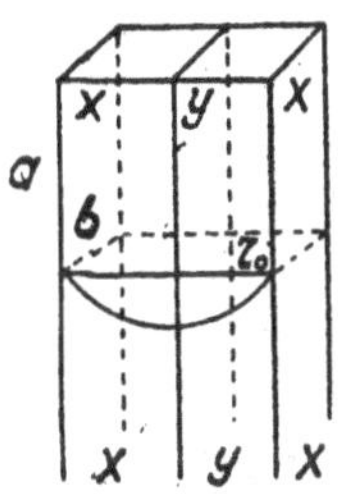

Abb. 11.

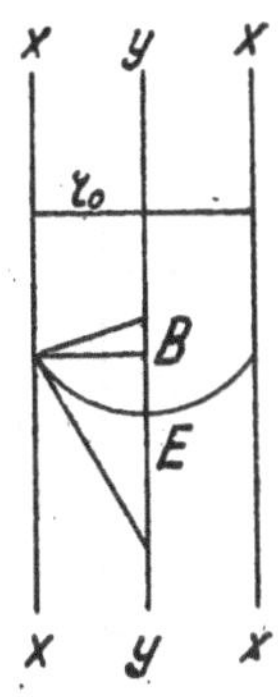

Abb. 12.

lang angenommen werden muß, um eine stationäre Strömung voraussetzen zu können, bei einem Rohrdurchmesser r_0 (Abb. 12) eine Kraft $p \cdot \pi \cdot r_0^2$ wirken, die sich auf die Fläche $2 \cdot \pi \cdot r_0$ a verteilt. Demnach ist

$$f_3 = \frac{p \cdot r_0}{2 \cdot \eta \cdot a} \quad \ldots \ldots \ldots \ldots \quad 180.)$$

Diese Kraft ist der Entfernung von der Achse proportional und die Verteilungskurve läßt sich durch eine Parabel darstellen. Das Flüssigkeitsvolumen kann man sich als ein Parabolloid mit dem Durchmesser r_0 und der Höhe B′ E′ vorstellen. Somit ist

$$B' E' = \frac{1}{2} \cdot A' B' \quad \ldots \ldots \ldots \ldots \quad 191.)$$

und nach Gleichung 187

$$f_3 = \frac{A' B'}{B' C'} = \frac{p \cdot r_0}{\gamma \cdot a} \quad \ldots \ldots \ldots \ldots \quad 192.)$$

daher

$$A'B' = B'C' \cdot \frac{p \cdot r_0}{2 \cdot \eta \cdot a} = \frac{p \cdot r_0^2}{\eta a} \qquad \ldots \ldots 193.)$$

und

$$B'E' = \frac{p \cdot r_0^2}{2 \cdot \eta \cdot a} \qquad \ldots \ldots \ldots 194.)$$

Das Volumen des Parabolloid $V = \frac{1}{4} \cdot \pi r_0^2 B'E' = \frac{1}{8} \frac{p \cdot \pi \cdot r_0^4}{\eta \cdot a} = \frac{K \cdot p \cdot r_0^4}{\eta}$ 195.)

worin

$$K = \frac{\pi}{8 \cdot a} \qquad \ldots \ldots \ldots \ldots 196.)$$

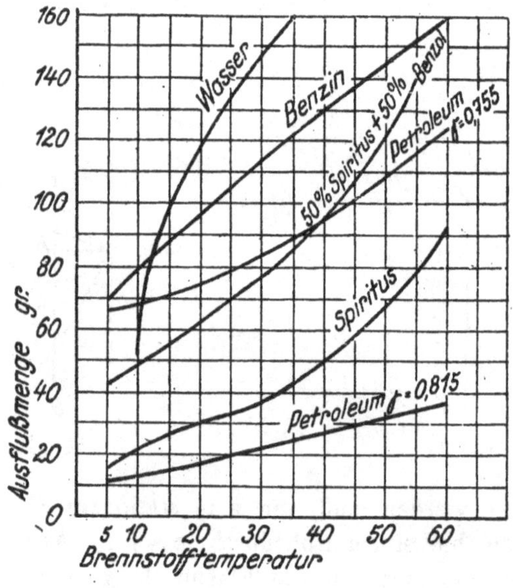

Abb. 13.

Der Ausfluß aus den Kapillarrohren ist von der Wirkung der Zwischenmolekularkräfte (innere Reibung der Flüssigkeit) abhängig. Der Koeffizient der inneren Reibung ist eine Funktion der Temperatur und die Menge der Flüssigkeit diesem Koeffizient proportional, vorausgesetzt, daß alle anderen Bedingungen dieselben sind.

$$V = f(t) \qquad \ldots \ldots \ldots 197.)$$

Der genaue Charakter dieser Funktion ist uns unbekannt, aber eine Reihe von Versuchen haben eine Vergrößerung der Ausflußmenge bei zunehmender Temperatur ergeben (Abb. 13). Die Ausflußmenge wird

$$B = 3600 \cdot f \cdot v \text{ in Std} \qquad \ldots 198.)$$

Nach den Versuchen von Poiseuil ist

$$V = \frac{\pi \cdot r^4 \cdot h}{\gamma \cdot l \cdot \eta} \quad . \quad . \quad 199.)$$

worin l die Rohrlänge bedeutet.

Die Versuche von Reynold zeigen, daß die Poiseuilsche Gleichung nur in gewissen Grenzen anwendbar ist, d. h. bei Geschwindigkeiten, die höher als die „untere kritische“ und kleiner als die „obere kritische“ sind.

Die obere kritische Geschwindigkeit ist $v' = \frac{1{,}29\,\eta}{d\,\gamma}$. 200.)

„ untere „ „ „ $v'' = \frac{0{,}204\,\eta}{d\,\gamma}$. 201.)

Für Benzin ist $\eta = 0{,}004$, $\gamma = 0{,}72$ und $v'' = 0{,}04$ und die wirkliche Geschwindigkeit in den Vergaserdüsen 0,03 m/s.

Die Untersuchungen von Rummel haben die Abhängigkeit der Ausflußmenge aus den Düsen mit

$$v = a \cdot h + b \cdot h^2 \quad . \quad . \quad 202.)$$

ergeben.

Nach den Untersuchungen von Watson und Thomas ist

$$v = \frac{k \cdot d^4 \cdot h}{l \cdot \eta} \quad . \quad . \quad 203.)$$

worin d den Düsendurchmesser, l die Düsenlänge und k den Zähigkeitskoeffizient bezeichnet.

Da die Geschwindigkeit in den Vergasern niedriger als die kritische Geschwindigkeit ist und da auf Grund der Untersuchungen von Watson und Thomas sich eine Abhängigkeit ersten Grades ergibt, kann man, wenn f_2 den Düsenquerschnitt bezeichnet, für die Luftmenge

$$L = k_1 \cdot f_1 \cdot \sqrt{h} \quad . \quad . \quad 204.)$$

für die Brennstoffmenge (siehe auch Abb. 104)

$$B = k_2 \cdot f_2 \cdot h^m \quad . \quad . \quad 205.)$$

und für das Mischungsverhältnis

$$\beta = \frac{h}{B} = k \cdot \frac{f_1}{f_2} \cdot h^{\frac{1}{2} - m} \quad . \quad . \quad 206.)$$

setzen.

Aus Gleichung 206 folgt, daß mit Vergrößerung des Unterdruckes h 1. das Gemisch brennstoffärmer wird, wenn $m < \frac{1}{2}$, 2. das Gemisch unverändert bleibt, wenn $m = \frac{1}{2}$ und 3. das Gemisch brennstoffreicher wird, wenn $m > \frac{1}{2}$.

Da aus den Versuchen von Sorel, Brewer, Rummel, Grühneisen, Abrams und des Verfassers folgt, daß $m > 1$ ist, so ist mit der Vergrößerung der Drehzahl ein brennstoffreicheres Gemisch zu erwarten.

Um nun das Mischungsverhältnis an der Grenze des größten Wirkungsgrades, was der größten Leistung entspricht, zu halten, verwendet man automatische Vergaser, die in nachstehende Gruppen eingeteilt werden können.

1. Vergaser mit Nebenluftzuführung (Gruvell, Arcamburg, Lokomobil u. a.), in welchen ein automatisches Ventil (Lokomobil) oder mehrere Kugel (Gruvell) angeordnet sind, die sich bei zunehmender

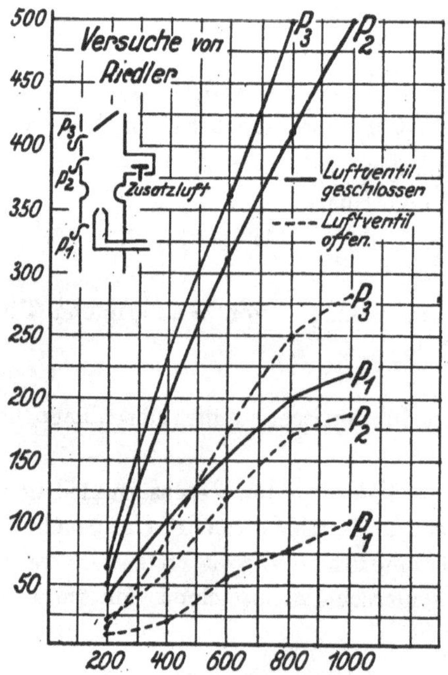

Abb. 14.

Drehzahl öffnen und eine Menge Zusatzluft in den Vergaser gelangen lassen. Ist der Hauptluftquerschnitt f_1 und der Zusatzluftquerschnitt f_1', so wird das Mischungsverhältnis

$$\beta = k \frac{f_1 \cdot h^{\frac{1}{2}} + \varrho\,(h)}{f_2 \cdot h^m} \quad \ldots\ldots\ldots\ldots \quad 207.)$$

Die Versuche von Riedler (Tabelle LXXXXIX und Abb. 14) zeigen, daß bei Eröffnung der Zusatzluftventile der Unterdruck an den Düsen 2—3 mal kleiner wird.

2. Vergaser mit Zusatzluft — und Zusatzbrennstoffzuführung

(Pierce Arrow). Ist der Querschnitt für den Zusatzbrennstoff f_2', so wird

$$\beta = k \frac{f_1 \cdot h^{\frac{1}{2}} + f' \varrho (h)}{f_2 h^m + f_2 F (h)} \qquad 208.)$$

3. Vergaser mit mehreren Düsen. Sind die Düsenquerschnitte f_2', f_2'' ....., so wird

$$\beta = k \frac{f_1 \cdot h^{\frac{1}{2}}}{f_2 \cdot h^m + f_2'' \zeta_2 h^m + f_2''' \zeta_3 \cdot h^m} \qquad 209.)$$

worin $\zeta = \varrho (h)$
und $\zeta = F (h)$ ... 210.)

Die Schaulinien des Zenitvergasers sind in Abb. 15 dargestellt.

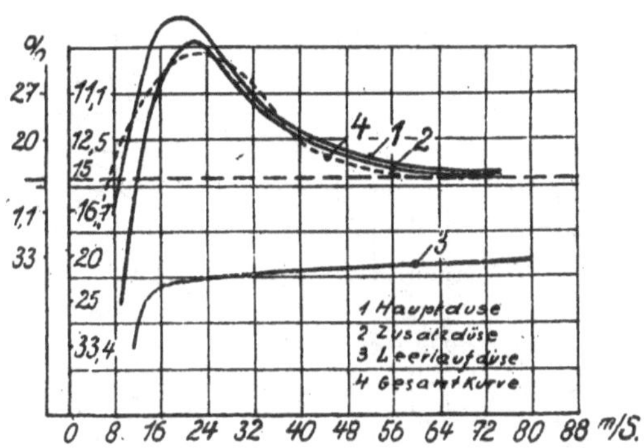

Abb. 15.

Aus Abb. 15 und 16 ist zu ersehen, daß die Ausflußmenge aus der Düse von der Temperatur und dem spezifischen Gewicht des Brennstoffes abhängig ist.

Nach dem Austritt des Brennstoffes aus der Düse wird er verdampft und bildet mit der angesaugten Luft ein Gemisch. Der Verdampfungsgrad des Brennstoffes hat eine große Bedeutung für den darauffolgenden Verbrennungsprozeß im Zylinder.

Da der Verdampfungsgrad von dem Parzialdruck abhängig ist, so ist die Bestimmung der Größe desselben für den Vergaserprozeß wichtig.

Bezeichnet p den Druck im Vergaser,
p_1 „ Partialdruck des Brennstoffdampfes in mm W.S.,
p_2 „ „ der Luft und
σ das spezifische Volumen des Brennstoffdampfes bei 760 mm Q. S.,

so wird $$p = p_1 + p_2 \qquad 211.)$$

Das Luftvolumen bei p

$$L_1 = \frac{L^t}{p - p_1} \cdot p \quad \text{. . . . . 212.)}$$

und das spezifische Volumen des Brennstoffdampfes bei p

$$\sigma_1 = \sigma \frac{p_1}{p} \quad \text{. . . . . 213.)}$$

Das Gewicht des Brennstoffdampfes ist

$$G = L_1 \cdot \sigma_1 \quad \text{. . . . . . 214.)}$$

oder

$$G = \frac{L^t}{p - p_1} \cdot \sigma \cdot p_1 \quad \text{. . . . . . . 215.)}$$

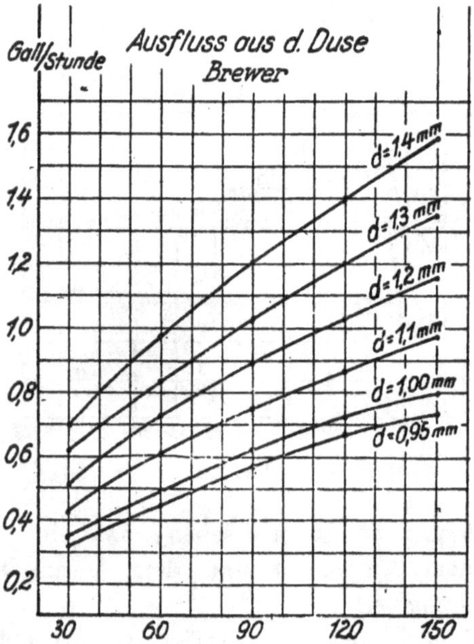

Abb. 16.

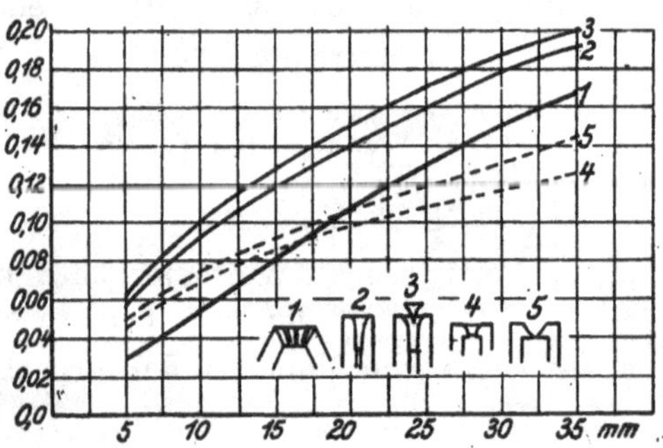

Abb. 16a.

Tabelle CI (Versuche von Joudy).

	n =	400	800	1200	1600	2000	2400
Benz 100 PS	η_m =	—	0,92	0,90	0,89	0,85	0,80
„ 20 PS	η_m =	0,88	0,86	0,81	0,75	—	—

Tabelle CII.

	σ	L_t cm	p_1 mm Qu.-S.
Benzin	3,494	10,341	20,4
Petroleum	8,853	11,681	7,2
Methylspiritus .	1,433	5,042	92,3
Azeton	2,599	7,419	37,5

Da G = 1, ist

$$\frac{L^t}{p - p_1} \sigma \cdot p_1 = 1 \qquad 216.)$$

und daher

$$p_1 = \frac{p}{1 + L^t \cdot \sigma} \qquad 217.)$$

In der Tabelle CII sind die Parzialdrücke angegeben.

Bezeichnet

V das Dampfvolumen,

σ_2 „ spezifische Volumen des Brennstoffes und

r die Verdampfungswärme des Brennstoffes,

so erhalten wir für den isothermischen Prozeß (Verdampfungsprozeß) den Wirkungsgrad

$$\eta = \frac{dT}{T} \qquad 218.)$$

und die entwickelte Arbeit

$$A(V - \sigma_2)\, dp \qquad 219.)$$

aus Gleichung 218 und 219 folgt

$$\frac{dT}{T} = \frac{A(V - \sigma_2)\, dp}{r} \qquad 220.)$$

oder

$$A \cdot (V - \sigma_2)\, dp = \frac{r}{T} \cdot dT \qquad 221.)$$

die Clapeyron-Gleichung. Vernachlässigt man das Brennstoffvolumen, so wird

$$A \cdot V \cdot dp = \frac{r}{T} \cdot dT \qquad 222.)$$

oder

$$A \frac{dp}{p} \cdot V = \frac{r\, dT}{p \cdot T} \qquad 223.)$$

und da

$$\frac{d\,p}{p} = \frac{r}{A \cdot R} \cdot \frac{d\,T}{T^2} \quad \ldots \quad 224.)$$

wird

$$\frac{d\,p}{p} = \frac{r}{1{,}985} \cdot m \cdot \frac{d\,T}{T^2} \quad \ldots \quad 225.)$$

und

$$\int_{p_1}^{p_2} \frac{d\,p}{p} = \frac{m}{1{,}985} \int_{T_1}^{T_2} \frac{r\,d\,T}{T^2} \quad \ldots \quad 226.)$$

oder für kleine Temperaturdifferenzen

$$\ln p_1 = \ln p_2 - \frac{m\,r}{1{,}985} \cdot \frac{T_2 - T_1}{T_2 \cdot T_1} \quad \ldots \quad 227.)$$

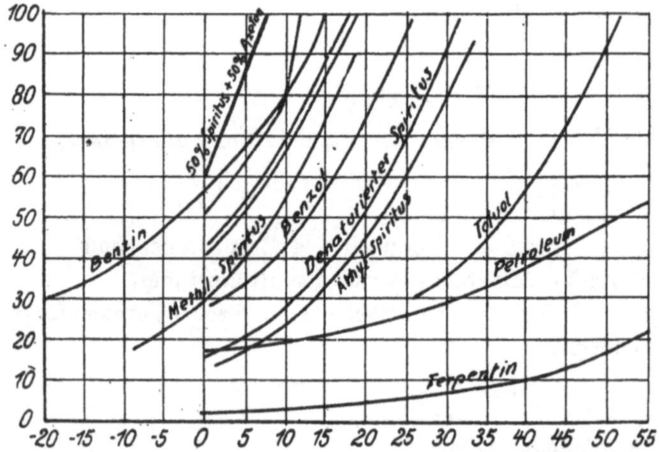

Abb. 17.

Die Gleichung 227 gibt die Möglichkeit für verschiedene Brennstoffe die Abhängigkeit der Temperatur vom Druck ihrer Dämpfe zu bestimmen, d. h. diejenige Temperatur zu bestimmen die notwendig ist, um eine vollständige Verdampfung zu erhalten.

Abb. 17 zeigt die Verdampfungskurve für verschiedene Brennstoffe.

Ist das spezifische Volumen des Brennstoffdampfes σ, so wird sein Molekulargewicht

$$m' = R \cdot \sigma \quad \ldots \quad 228.)$$

Bei einem stündlichen Brennstoffverbrauch G wird aus $p \cdot V = G \cdot R \cdot T$

$$V = \frac{G \cdot R \cdot T}{p}.$$

Ist beispielsweise für Benzin $\sigma = 3{,}69$, so wird bei $m = 29 \cdot 3{,}69 = 107$; $R = \frac{848}{107} = 7{,}93$

und bei $p = 13{,}6$, $T = 289$ und $G = 1{,}4$ kg.

Das Benzindampfvolumen wird

$$V = 0{,}32\ m^3$$

Die Verdampfung wird außer der Temperatur noch von der Zeit beeinflußt. In dieser Beziehung wurden verschiedene Untersuchungen angestellt, die aber dem Arbeitsprozeß im Motor nicht entsprachen. Nach den Untersuchungen von Laval ist die Verdampfungsgeschwindigkeit

$$w = \frac{K}{p_2^n} \quad \ldots\ldots\ldots\ldots \quad 229.)$$

K ist eine Konstante. n wird für

Benzin = 0,66
Wasser = 1,80
Alkohol = 1,08
Äther = 0,61

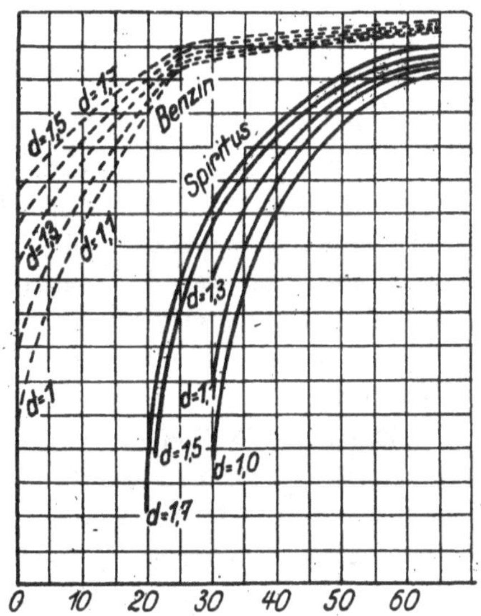

Abb. 18.

Nach dem Gesetze von **August** ist

$$\frac{dp}{dt} = K(P - p) \quad \ldots\ldots\ldots\ldots \quad 230.)$$

woraus nach Integration folgt

$$t = \frac{1}{K} \cdot \ln \frac{P}{P - p} \quad \ldots\ldots\ldots\ldots \quad 231.)$$

hierin ist P der bei gegebener Temperatur größtmöglichste Partialdruck. Wird K als unveränderlich angenommen, so erhält man nach Gleichung 228 für verschiedene Brennstoffe das Schaubild Abb. 18. Aus den Kurven dieses Schaubildes kann man ersehen, daß mit der Vergrößerung des Luftüberschusses auch die Geschwindigkeit der Verdampfung zunimmt. Da die Verdampfungsgeschwindigkeit der verschiedenen Brennstoffe verschieden groß ist, so muß beim Übergang von leichteren zu schwereren Brennstoffsorten, letztere vorgewärmt werden, damit die Verdampfungsgeschwindigkeit größer wird. Die Versuche des Verfassers und des Dipl.-Ing. Jon ergaben eine Steigerung der Leistung um 10 v. H. für Petroleum, sobald dasselbe vor Austritt aus der Düse auf 70—80° C vorgewärmt wurde. (Die Versuche wurden mit einem Packard-Motor angestellt). Derselbe Erfolg wurde auch bei Verwendung von Spiritus beobachtet.

Bezeichnet man mit c′ die spezifische Wärme des Brennstoffes
und mit c″ „ „ „ der Luft,
so wird nach der Gleichung

$$r = c' \triangle t + c'' L \triangle t \quad \ldots \ldots \ldots \quad 232.)$$

der Temperaturabfall bei der Verdampfung

$$\triangle t = \frac{r}{c' + c'' L} \quad \ldots \ldots \ldots \ldots \quad 233.)$$

In Wirklichkeit ist der Temperaturabfall nicht so groß, da die Verdampfung im Vergaser nicht vollständig vor sich geht. Für schwere Brennstoffe ist der Unterschied zwischen den Werten, die in der Tabelle CIII angegeben sind und den beobachteten Werten größer als bei leichten Brennstoffen. Die Untersuchungen des Verfassers haben dies für Benzin, Spiritus, Petroleum, Terpentin, Azeton, Naphtalin und deren Mischungen bestätigt.

Nach den Untersuchungen von Neumann wird

bei t =	20	25	30	35	40° C
	50	63	75	85	92 v. H. Benzin verdampft.

Auf Grund des Vorstehenden wird die untere Grenze der Temperatur, die für eine vollständige Verdampfung im Vergaser notwendig ist,

$$t = t' + t'' \quad \ldots \ldots \ldots \ldots \quad 234.)$$

wenn t′ der Temperaturabfall bei der Verdampfung (aus Abb. 17) und t″ aus Tabelle CIII.

Das im Vergaser entstehende Gemisch gelangt durch die Saugleitung in den Motorzylinder und kommt auf diesem Wege mit den Wänden der Saugleitung in Berührung, deren Temperatur nicht kleiner sein darf als die in der Tabelle CIII angegebenen Temperaturen,

Tabelle CIII.

Brennstoffe	L cm	r (W.-E.)	Spez. Wärme C'	Temperatur-Abfall bei der Verdampfung (Kondensation) °C
Benzin .	14,34	80	0,50	22
Benzol .	14,40	93	0,40	26
Spiritus . . .	8,80	288	0,63	80
Petroleum . .	14,40	105	0,46	24
Äther	9,40	90	0,52	30
Terpentin . . .	14,27	70	0,48	13
Azeton	9,55	125	0,53	40
Naphtalin . . .	12,99	220	0,40	55

Tabelle CIV.

Brennstoff	Verdampfungs-Temperatur	Temperatur-Abfall bei der Verdampfung	Untere Temperatur-Grenze °C
Benzin	— 17	22	+ 5
Benzol	— 3,5	26	+ 22,5
Spiritus	+ 19	90	+ 109
Petroleum	+ 60	24	+ 84
Terpentin	+ 40	13	+ 53
Azeton	— 4	40	+ 36
Äther	— 29	30	+ 1

Tabelle CV.

Schaulinien von Automobilmotoren.

n =	400	600	800	1000	1200	1400	1600	1800	2000	2200
				Buick $6 \times 3^1/_2" \times 4^1/_2"$						
N_e =	—	97	96	93	90	85	77,5	—	—	—
				Wellys-Knight $4 \times 4^1/_8" \times 4^1/_2"$						
N_e =	—	94,5	98	98	95	87,5	80	—	—	—
				Herrmann $8 \times 2^1/_4" \times 4"$						
N_e =	85	87,5	92	92,5	90	86	80	—	—	—
				Cadillack $8 \times 3^1/_8" \times 5^1/_2"$						
N_e =	—	72,5	78	80	81,5	82,5	82	79	75	67
				Locomobil $6 \times 4^1/_2" \times 5^1/_2"$						
N_e =	—	88	88	81	77,5	72,5	61	—	—	—
				Mollin-Knight $4 \times 4" \times 6"$						
N_e =	82,5	87,5	97	97	93	88	82,5	75	—	—
				Vauxhall						
n =	1500	2000	2500	3000	3500	4000	4500	—	—	—
N_e =	43	60,5	81,0	100	115	121	126	—	—	—

da sonst eine teilweise Kondensation zu erwarten sein wird. Die Untersuchungen des Verfassers zeigen, daß für Brennstoffe mit niedriger Kondensationstemperatur (Tabelle CIV, rechte Spalte) eine höhere Erwärmung des Ansaugrohres notwendig ist. Die obere Grenze dieser Erwärmung ist nach Neumann 60° C. Die Versuche von Clerk und des Verfassers haben ergeben, daß mit der Zunahme der Drehzahl die Kondensation im Saugrohr abnimmt, da gleichzeitig die Strömungsgeschwindigkeit zunimmt.

6. Schaulinien des Motors. Tabelle CV.

Die Gleichung der Schaulinie ist

$$N = f(n) \quad \ldots\ldots\ldots\ldots \quad 235.)$$

Auf Grund des bereits gesagten, kann man annehmen, daß mit der Zunahme der Drehzahl

1. der volumetrische Wirkungsgrad zuerst langsamer, dann schneller sinken wird.
2. der mechanische Wirkungsgrad nimmt zuerst langsam zu, um dann rasch zu sinken (Einfluß der Massenkräfte).
3. die Wärmeverluste werden größer (η_t verkleinert sich).
4. die Ladung wird brennstoffreicher.

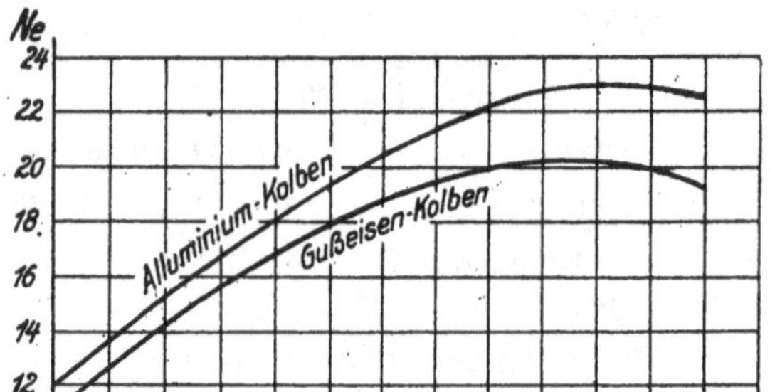

Abb. 19.

Würde sich das Produkt aus $\eta_v \cdot \eta_m \cdot \eta_t \cdot \beta$ bestätigen, so wäre die Schaulinie als Gerade gegeben. Da die Koeffizienten η_v, η_m, η_t und β bei niedriger Drehzahl langsam sinken, so wird die Schaulinie am Anfange langsam von der Geraden nach rechts abweichen. Mit zunehmender Drehzahl müßte ein bedeutendes Sinken des volumetrischen Wirkungsgrades eintreten, daher die Kurve rascher von der Geraden abweichen und endlich, wenn der Einfluß der Massenkräfte überwiegt, wird die Kurve nach einem Maximum wieder sinken, d. h. mit der zunehmenden Drehzahl wird die Leistung abnehmen. Das Maximum wird durch die Massenkräfte bestimmt, wobei bei leichteren Kolben (Aluminiumkolben) der Leistungsabfall erst bei höheren Drehzahlen eintreten wird (Tabelle LXXXXII und Abb. 19.)

Da der Massendruck den größten Einfluß auf die Schaulinie ausübt, so ist es bei der Konstruktion des Motors ratsam, das Gewicht der hin- und hergehenden Massen möglichst zu verringern, was durch Verwendung von geeigneten Materialien (Stahl, Aluminium) und einer geeigneten Wahl von S : D erreicht werden kann. Die Vergrößerung von S : D hat eine Gewichtsverminderung der bewegten Teile im Gefolge, was einen günstigen Einfluß auf die Schaulinie ausübt. Gleichfalls einen günstigen Einfluß auf die Schaulinie bringt die Vergrößerung des Ventilquerschnittes mit sich, da der volumetrische Wirkungsgrad größer wird.

Da das Drehmoment

$$M = 716 \frac{Ne}{n} \quad \ldots \ldots \ldots \ldots \; 236.)$$

ist, so kann man den Verlauf desselben nach Abb. 20 darstellen. Aus dieser Abbildung geht hervor, daß

$$\operatorname{tg} \alpha = \frac{\overline{b\,e}}{\overline{o\,b}} \quad \ldots \; 237.)$$

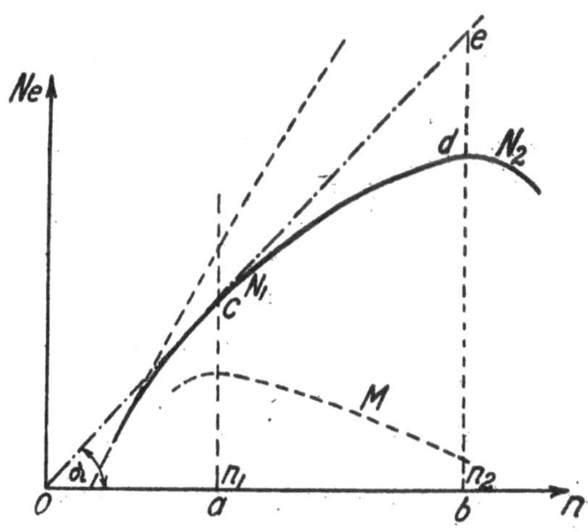

Abb. 20.

Wir nehmen an, daß $N_2 = \overline{b\,d}$; $N_1 = \overline{a\,c}$ und $n_1 = \overline{o\,b}$; $n_2 = \overline{o\,a}$,

so wird

$$\frac{n_2}{n_1} = \frac{\overline{o\,b}}{\overline{o\,a}}$$

$$\frac{N_1}{N_2} = \frac{\overline{a\,c}}{\overline{b\,d}}$$

oder
$$\frac{n_2 N_1}{n_1 N_2} = \frac{\overline{ob} \cdot \overline{ac}}{\overline{oa} \; \overline{bd}} \quad \ldots \ldots \ldots \quad 238.)$$

Da ferner
$$\frac{\overline{ac}}{\overline{oa}} = \frac{\overline{be}}{\overline{ob}} = \operatorname{tg} \alpha$$

ist, so wird
$$\frac{n_2 \cdot N_1}{n_1 \cdot N_2} = \frac{\overline{eb}}{\overline{bd}} \quad \ldots \ldots \ldots \quad 239.)$$

Wir nennen
$$\frac{n_2 \cdot N_1}{n_1 \cdot N_2} = \frac{M_1}{M_2} = s \quad \ldots \ldots \ldots \quad 240.)$$

den Koeffizient der Schaulinie, d. h. das Verhältnis des theoretisch größten Drehmoments zum Drehmoment bei der praktisch höchsten Leistung; weiters wird

$$M_1 = 716 \operatorname{tg} \alpha = k \cdot \operatorname{tg} \alpha \quad \ldots \ldots \ldots \quad 241.)$$

$$M_1 = 716 \frac{N_1}{n_1} \quad \ldots \ldots \ldots \quad 242.)$$

Bei $n < n_1$ oder $n > n_1$ vermindert sich das Drehmoment.

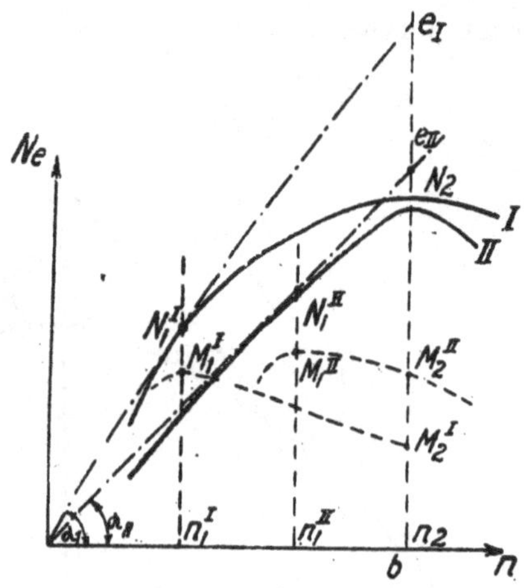

Abb. 21.

Die stabile Arbeit des Motors ist nur zwischen n_1 und n_2 möglich. Die Eigenschaften des Motors lassen sich mit Hilfe des Schaulinienkoeffizienten bestimmen, dessen Größe zwischen 1,05 und 1,5 liegt.

Aus Abb. 21 folgt, daß

$$s_I = \frac{\overline{e_1 b}}{\overline{N_2 b}} \quad \ldots \quad 243.)$$

und

$$s_{II} = \frac{\overline{e_{II} b}}{\overline{N_2 b}} \quad \ldots \ldots \quad 244.)$$

der beiden Motoren vom Standpunkte der mittleren Geschwindigkeit der Bewegung führt uns zu folgender Erwägung:

Bei unveränderter Übersetzung ist

$$v = k \cdot n \quad \ldots \ldots \ldots \ldots \quad 250.)$$

Bei Vergrößerung des Widerstandes werden die Drehzahlen beider Motoren sinken, und zwar für den Motor I bis n_1^I und für den Motor II bis n_1^{II}, nachdem auf eine neue Übersetzung bei beiden Motoren umgeschaltet wurde. Mit der Verminderung der Drehzahl der beiden Motoren würde auch die Geschwindigkeit der beiden Wagen sinken. Für den Wagen mit dem Motor I wird dann

$$v_I = K \cdot n_1^I \quad \ldots \ldots \quad 251.)$$

und für den Wagen mit dem Motor II

$$v_{II} = K \cdot n_1^{II} \quad \ldots \ldots \quad 252.)$$

Da $\gamma_{II} < \gamma_I$

so wird $n_1^{II} > n_1^I$

und daher $v_I^{n_1} < v_{II}^{n_1} \quad \ldots \ldots \ldots \quad 253.)$

Der Wagen mit dem Motor I, der flachere Schaulinien aufweist, wird an Geschwindigkeit mehr verlieren als der Motorwagen II mit der steileren Schaulinie.

Auf Grund des Vorstehenden kann gesagt werden:

1. Motoren mit steiler Schaulinie sind ökonomischer als solche mit flacher Schaulinie.

   Bezeichnet man die Ökonomie mit η, so ist

$$\eta = f\left(\frac{1}{s}\right) \quad \ldots \quad 254.)$$

oder

$$\eta = f\left(\frac{1}{\gamma}\right) \quad \ldots \ldots \quad 255.)$$

2. Motoren mit steiler Schaulinie erfordern häufigeres Umschalten.
3. Motorwagen, deren Motoren eine steile Schaulinie aufweisen, haben eine größere mittlere Geschwindigkeit.

Der Geschwindigkeitsverlust bei der Motorwagenbewegung ist

$$\triangle v = \varphi(s) \quad \ldots \ldots \ldots \quad 256.)$$

oder

$$\triangle v = \varphi_1(\gamma) \quad \ldots \ldots \ldots \quad 257.)$$

Die Gleichungen 256 und 257 erklären die Anwendung von Motoren mit steiler Schaulinie bei Rennwagen.

IV. Konstruktionselemente des Motors.

1. Der allgemeine Bau.

Die Anordnung der Zylinder von Motoren bis 6 Zylinder erfolgt n einer Reihe, während bei Motoren mit mehr als 6 Zylindern die Zylinderanordnung in V-Form erfolgt, wobei die Zylinder bei 1-, 2-, 3-, 4-, 6- und 12-Zylindermotoren meist in einem Block vereinigt sind. Die Anordnung der Kühlwasserräume kann nach Abb. 22 und 23 erfolgen. Die Anordnung nach Abb. 23 ergibt eine schlechte Kühlung der Zylinder. Die Anordnung der Ventile hat

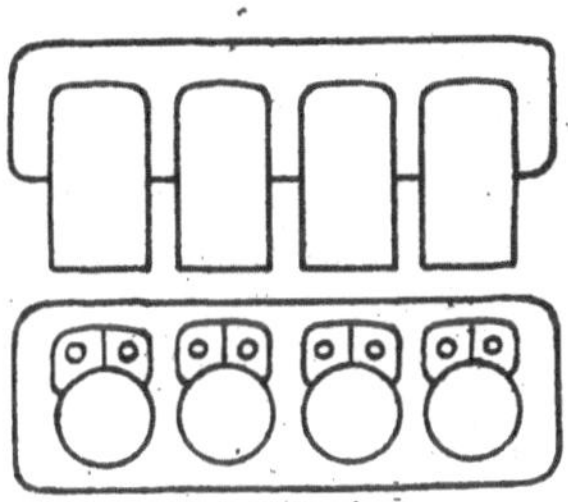

Abb. 22.

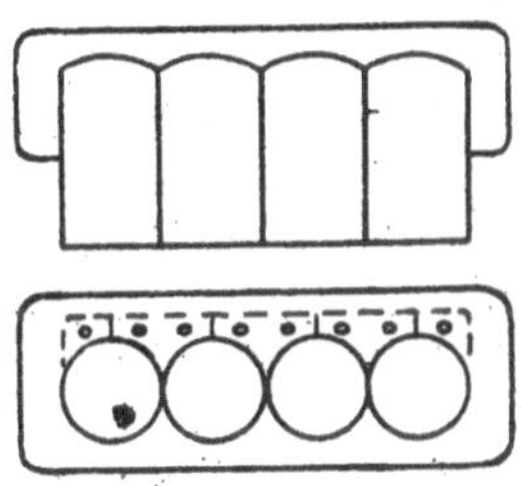

Abb. 23.

einen großen Einfluß auf die thermischen Verhältnisse. Bei der Ventilanordnung nach Abb. 24 wird der Verbrennungsraum niedrig und lang, was einen langen Weg für die Fortpflanzung der Verbrennung bedingt, dafür aber wird das Auslaßventil von den Auspuffgasen weniger in Mitleidenschaft gezogen. Der Nachteil des langen und niedrigen Verbrennungsraumes kann nach Anordnung der Ventile nach Abb. 25 vermieden werden. Die einseitige Ventilanordnung (Abb. 26 u. 27) ergibt eine günstige Form des Verbrennungsraumes, hat aber den Nachteil, daß eine stärkere Vorwärmung des Gemisches durch die Abgase eintritt. Die Ventilanordnung nach Abb. 28 läßt eine kugelförmige Form des Verbrennungsraumes zu, wobei die Wände dieser Kammer bearbeitet werden können.

Ein Vergleich der Ventil- mit den Schiebermotoren zeigt, daß

1. die Schiebermotoren zeichnen sich durch Geräuschlosigkeit aus.
2. die Schiebermotoren erfordern eine sorgfältige Schmierung.
3. die Montagearbeiten bei einem eintretenden Defekt sind kompliziert.
4. die Untersuchungen von Riedler (Tabelle LXXXVI und C) und des Londoner Automobil-Clubs haben ergeben, daß der Leistungsverbrauch für den Antrieb der Steuerung von ventillosen Motoren größer ist, als dies bei Motoren mit Ventilsteuerung der Fall ist.

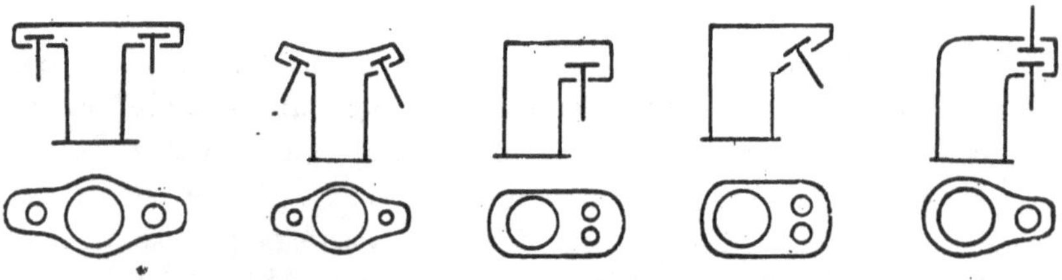

Abb. 24. Abb. 25. Abb. 26. Abb. 27. Abb. 28.

Die Leistung für den Antrieb der Steuerung des englischen Knight-Motors beträgt 1,85 PS, des deutschen Knight-Motors 1,82 PS und eines gewöhnlichen Ventilmotors 0,52 PS. Der volumetrische Wirkungsgrad des Knight-Schiebermotors beträgt 0,6, des Mercedes-Knight 0,7 und eines Ventilmotors 0,66. Tabelle LXXIV und XXIV.

2. Luftkühlung.

Da die genauen Gesetze der Wärmeausstrahlung durch die Kühlrippen noch unbekannt sind, ist man gezwungen, nach Wamsler anzunehmen, daß

$$Q = \left[\frac{\left(\frac{T_1}{100}\right)^4 - \left(\frac{T_2}{100}\right)^4}{\frac{1}{C_1} + \frac{1}{C_2} - \frac{1}{C}} + K \cdot (T_1 - T_2) \right] \cdot F \quad . \; . \; . \; 258)$$

ist. In der Gleichung bedeutet das 1. Glied den Wärmeverlust durch Strömung, das 2. Glied den Wärmeverlust durch Leitung, ferner Q = Wärmemenge, T_1 = Temperatur des wärmeabgebenden Körpers (Zylinderwände), T_2 = die Temperatur der Luft, F = Kühlfläche, C_1 = Konstante der Wärmestrahlung des wärmeabgebenden Körpers (Zylinderwände), C_2 = Konstante der Wärmestrahlung des wärmeempfangenden Körpers (Luft) C = Konstante der Wärmestrahlung des absolut schwarzen Körpers und K = Wärmeübergangszahl.

Nach den Untersuchungen von Wamsler und Nusselt ist c_1 für Gußeisen = 4,48, für Messing = 1,03 und c = 4,76.

Die Untersuchungen von Wamsler haben ergeben, daß 40—50 v. H. der Wärme durch Strahlung übergehen.

Ist der stündliche Brennstoffverbrauch B kg und werden durch die Zylinderwände 30—40 v. H. Wärme ausgestrahlt, so wird die Wärmeabgabe durch die Wände

$$Q = B \cdot H \cdot 0,35 \qquad \text{259.)}$$

und

$$q = F \cdot K \cdot (T_1 - T_2) = 0,65\,Q \qquad \text{260.)}$$

worin

$$K = \frac{p \cdot (T_1 - T_2)}{D^{0,3}} \qquad \text{261.)}$$

Für Gußeisen kann man setzen p = 0,97.

Aus Gleichung 260 und 261 folgt

$$\zeta = \frac{F \cdot (T_1 - T_2)^2}{D^{0,3}}\,p \qquad \text{262.)}$$

Die Temperatur der Zylinderwände darf 300 ° C nicht übersteigen, da sonst das Schmieröl verbrennen würde.

3. Wasserkühlung.

Da pro PS ungefähr 1000 WE durch das Kühlwasser abgeführt werden, so ist

$$1000\,N_e = W \cdot (D_1 - D_2) \qquad \text{263.)}$$

worin D_1 und D_2 die Wassertemperaturen bezeichnen.

Aus Gleichung 263 folgt

$$W = \frac{1000\,N_e}{D_1 - D_2} \qquad \text{264.)}$$

Bezeichnet F die gekühlte Zylinderfläche, α die Wärmeübergangszahl und t die mittlere Wandtemperatur, so ist

$$Q = 1000\,N_e = \alpha \cdot F \cdot \left(t - \frac{D_1 + D_2}{2}\right) \qquad \text{265.)}$$

daraus folgt

$$\alpha = \frac{1000\,N_e}{F \cdot \left(t - \frac{D_1 + D_2}{2}\right)} \qquad \text{266.)}$$

und

$$\alpha = 300 + 1800\sqrt{v} \qquad \text{267.)}$$

v = Zirkulationsgeschwindigkeit des Kühlwassers.

Es folgt aus Gleichung 267

$$v = \left(\frac{\alpha - 300}{1800}\right)^2 \qquad \text{268.)}$$

Es wird daher der Querschnitt des Wassermantels, wenn i die Anzahl der Zylinder ist,

$$f = \frac{W}{3600 \cdot v \cdot i} \quad \ldots\ldots\ldots \quad 269.)$$

Allgemein ist $t < 300^0$ C und $D_1 - D_2 = 30$.

Die Wärmeübergangszahl ist

$$x = \frac{1}{\frac{1}{\alpha_1} + \frac{1}{\alpha_2} + \frac{s}{\lambda}} \quad \ldots\ldots\ldots \quad 270.)$$

Man kann setzen für

Gußeisen $\lambda = 72$
Kupfer $\lambda = 320$
Aluminium $\lambda = 175$

ferner für Wasser (nach Ser)

$$\alpha_1 = 4400 \cdot \sqrt{v} \text{ WE/m}^2\text{/s} \quad \ldots\ldots\ldots \quad 271.)$$

für Luft (nach Doblhoff) $\alpha_2 = 110$.

Ist die Wandstärke $s = 0{,}0001—0{,}0002$ m, so wird für

Gußeisen $\frac{s}{\lambda} = 0{,}0000028$

Kupfer $\frac{s}{\lambda} = 0{,}00000063$

Aluminium $\frac{s}{\lambda} = 0{,}00000114$

und man kann daher annehmen, daß

$$x = \alpha_2 \quad \ldots\ldots\ldots \quad 272.)$$

Ist die Wassertemperatur im Kühler D_1 und D_2 und die Lufttemperatur T_1 und T_2, so ist

$$1000\ N_e = Q = x \cdot F \cdot \left(\frac{D_1 + D_2}{2} - \frac{T_1 + T_2}{2}\right) \quad 273.)$$

Ist W der stündliche Wasserverbrauch, so ist

$$Q = W \cdot C_p (D_1 - D_2) \quad \ldots\ldots\ldots \quad 274.)$$

und L der stündliche Luftverbrauch, so ist

$$Q = L \cdot c'_p (T_2 - T_1) \quad \ldots\ldots \quad 275.)$$

Aus Gleichung 274 folgt

$$D_2 = D_1 - \frac{Q}{W c_p} \quad \ldots\ldots \quad 276.)$$

und aus Gleichung 275 folgt

$$T_2 = T_1 + \frac{Q}{L c'_p} \quad \ldots\ldots \quad 277.)$$

Aus Gleichung 273 folgt, daß

$$Q = F \cdot x \cdot \left[\frac{D_1 + D_2 - \frac{Q}{W c_p}}{2} - \frac{T_1 - T_2 + \frac{Q}{L c'_p}}{2} \right] \quad \ldots \; 278.)$$

und

$$Q = \frac{D_1 - T_1}{\frac{1}{p \cdot x} + \frac{1}{2 W c_p} + \frac{1}{2 L c'_p}} \quad \ldots\ldots\ldots \; 279.)$$

Bezeichnet F_1 die Stirnfläche des Kühlers,
f den Querschnitt der Luftkanäle,
ϱ die Geschwindigkeitsänderung der Luft im Kühler,
so wird unter der Voraussetzung, daß

$$\lambda = \frac{f}{F_1} \quad \ldots\ldots\ldots\ldots \; 280.)$$

und

$$\varrho = \frac{F_1}{F} \quad \ldots\ldots\ldots\ldots \; 281.)$$

nach Gleichung 279

$$Q = \frac{D_1 - T_1}{\frac{1}{F_1 \, x \, \varphi} + \frac{1}{2 W} + \frac{1}{2 F \cdot \lambda \cdot \varrho \cdot v \cdot 3600 \, c'_p}} \quad 282.)$$

und da $c_p = 1$, $c'_p = 0{,}25$, so wird

$$F_1 = \frac{\frac{1}{x \, \varphi} + \frac{1}{1800 \cdot \lambda \cdot \varrho \cdot v}}{\frac{D_1 - T_1}{Q} - \frac{1}{2 W}} \quad \ldots\ldots\ldots \; 283.)$$

oder

$$F_1 = \frac{\frac{1}{\varphi \cdot x} + \frac{1}{1800 \cdot V \cdot \lambda \cdot \varrho}}{\frac{D_1 - T_1}{1000 \, N_e} - \frac{1}{2 W}} \quad \ldots\ldots\ldots \; 284.)$$

Ist v' die Wagengeschwindigkeit, so wird die Luftgeschwindigkeit

$$v = \varphi \cdot v' \quad \ldots\ldots\ldots\ldots \; 285.)$$

$\varphi = 1{,}5$—2.

Für Rohre mit rundem Querschnitt ist $\varphi = 37$
„ „ „ flachem „ „ $\varphi = 28$
„ Wasserrohre ist $\lambda = 0{,}628$; $\varrho = 0{,}8$
„ Luftrohre „ $\lambda = 0{,}429$; $\varrho = 0{,}9$

Gewöhnlich ist $D_1 - T_1 = 70$
und $D_1 - D_2 = 15$—20

Aus Gleichung 285 kann man ersehen, daß die Kühler mit Wasserrohren kleinere Stirnflächen erhalten als solche mit Luftrohren. Man kann annehmen, daß der Kühlerinhalt ungefähr das vierfache Zylindervolumen aufweist und seine Stirnfläche 0,3 m² pro PS haben muß.

4. Steuerung der Ventile.

Die Untersuchung der Ventilsteuerungsprozesse erfolgt am besten nach dem Verfahren von Magg (Abb. 29). Da $A_0 A = \alpha$ und

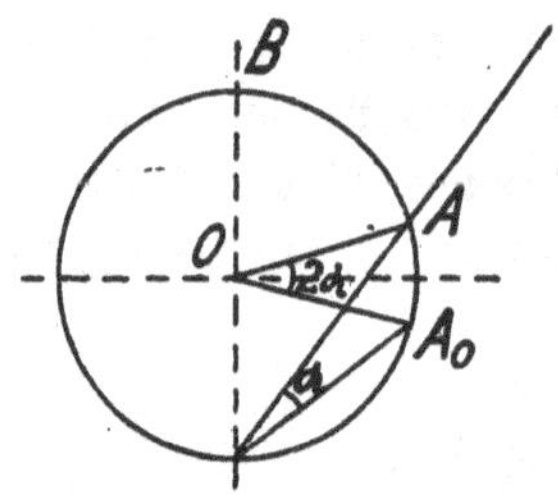

Abb. 29.

$A O A_0 = 2\alpha$, so kann man, wenn die Drehzahl des Halbmessers $O_1 A$ die Drehzahl der Kurbelwelle bezeichnet — die Drehzahl des Sekters ox als die Umdrehungszahl der Steuerwelle annehmen.

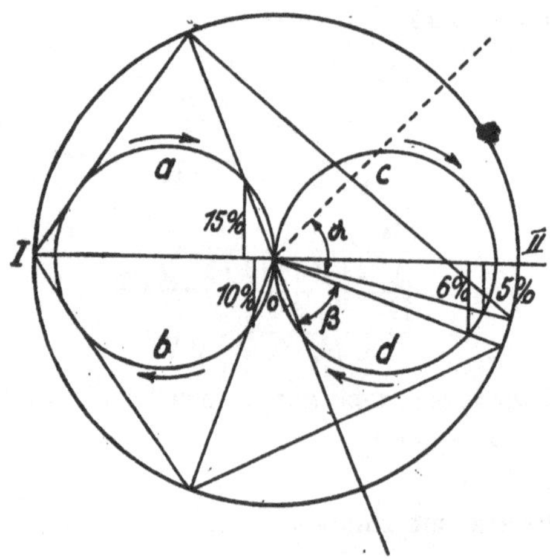

Abb. 30.

Es sei folgendes Steuerungsschema gegeben:

Saugventil öffnet 6 v. H. nach dem oberen T.-P.
„ schließt 10 v. H. „ „ unteren T.-P.
Auslaßventil öffnet 15 v. H. vor dem unteren T.-P.
„ schließt 5 v. H. nach „ oberen T.-P.

Nach Abb. 30 wird

II — d — o = Ansaugen
o — b — I = Verdichten
I — a — o = Ausdehnung
o — c — II = Ausschub.

5. Reihenfolge der Zündung.

bei 4 Zylindern	1 — 3 — 4 — 2	Kurbeln unter 180°
„ 4 „	1 — 2 — 4 — 3	„ „ 180°
„ 6 „	1 — 4 — 2 — 6 — 3 — 5	Kurbeln unter 120°
„ 6 „	1 — 5 — 3 — 6 — 2 — 4	„ „ 120°
„ 6 „	1 — 3 — 2 — 6 — 4 — 5	„ „ 120°

Bei Sechszylinder-Motoren kommen häufiger die beiden ersten Schemas zur Anwendung. Beim dritten Schema tritt eine Gegenwirkung des Auspuffs ein.

Bei 8 Zylindern ist die Zündfolge (vorausgesetzt V-förmige Anordnung der Zylinder; Zylinder 1—4 rechts, Zylinder 5—8 links):

1 — 5 — 3 — 7 — 4 — 8 — 2 — 6
1 — 8 — 3 — 6 — 4 — 5 — 2 — 7
1 — 5 — 2 — 6 — 4 — 8 — 3 — 7
1 — 6 — 3 — 5 — 4 — 7 — 2 — 8
1 — 6 — 3 — 5 — 4 — 7 — 2 — 8

Bei 12 Zylindern ist die Zündfolge (V-förmige Anordnung der Zylinder; Zylinder 1—6 rechts, Zylinder 7—12 links):

1 — 12 — 5 — 8 — 3 — 10 — 6 — 7 — 2 — 11 — 4 — 9
1 — 12 — 3 — 10 — 2 — 11 — 6 — 7 — 4 — 9 — 5 — 8
1 — 7 — 5 — 11 — 3 — 9 — 6 — 12 — 2 — 8 — 4 — 10

Die beiden Zylindergruppen sind unter einem Winkel von 45° bezw. 22,5° angeordnet.

V. Die Übertragung der Energie.

1. Kupplungen.

Eine direkte Transmission zwischen der Motorwelle und den Treibrädern ist wegen der Gefahr der Motorüberlastung nicht möglich. Es besteht ferner die Notwendigkeit, zeitweilig die Transmission zwischen Motor und den Hinterrädern zu unterbrechen, was aus beiden Gründen

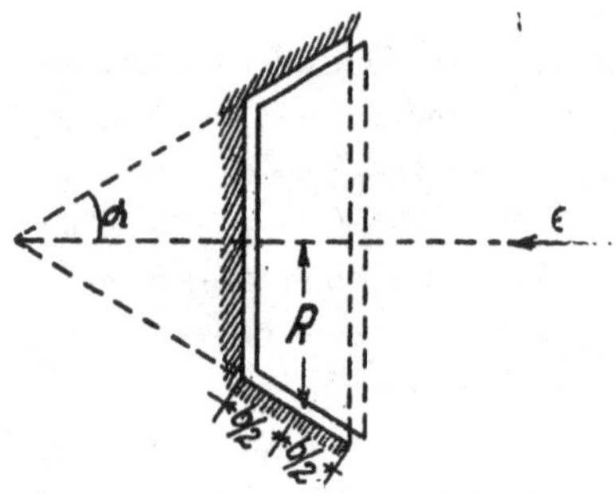

Abb. 31.

ein Kupplungsorgan notwendig macht. Die Kupplungen lassen sich in folgende Gruppen einteilen:

1. Konuskupplungen,
2. Bandkupplungen,
3. Backenkupplungen,
4. Federkupplungen,
5. Lamellenkupplungen.

Bei der Konuskupplung (Abb. 31) ist, wenn M das Drehmoment des Motors bezeichnet, die Umfangskraft

$$T = \frac{M}{R} \quad \ldots \ldots \quad 286.)$$

Um das Gleiten zu vermeiden, muß

$$Q > T \frac{\sin \alpha}{\mu} \quad \ldots \ldots \quad 287.)$$

Das Kuppeln nach dem Gleiten des Konus erfordert die Kraft

$$Q_1 = T \cdot \left(1 + \frac{\sin \alpha}{\mu}\right) \quad \ldots \ldots \quad 288.)$$

Zur Lösung der eingerückten Kupplung ist die Zusatzkraft

$$Q_2 = T \cdot \left(\frac{\sin \alpha}{\mu} - \cos \alpha\right)$$

notwendig.

	in Ruhe	in Bewegung
μ wird für Stahl auf Stahl	0,15	0,09
„ „ „ Leder auf Stahl	0,33	0,27
„ „ „ Ferrodo auf Gußeisen	—	0,40

gewöhnlich wird angenommen

$$\mu = 0{,}15 .$$
$$\varrho = 8^0\,30'$$

Um das Gleiten der Kupplung zu vermeiden, muß $\alpha > \beta$ ($\alpha = 9$—12^0)

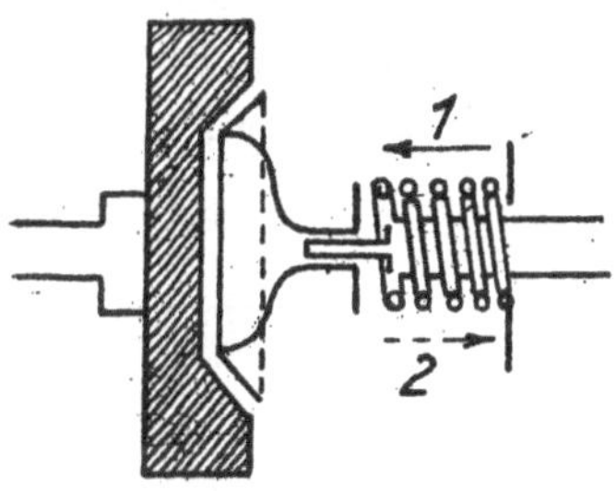

Abb. 32.

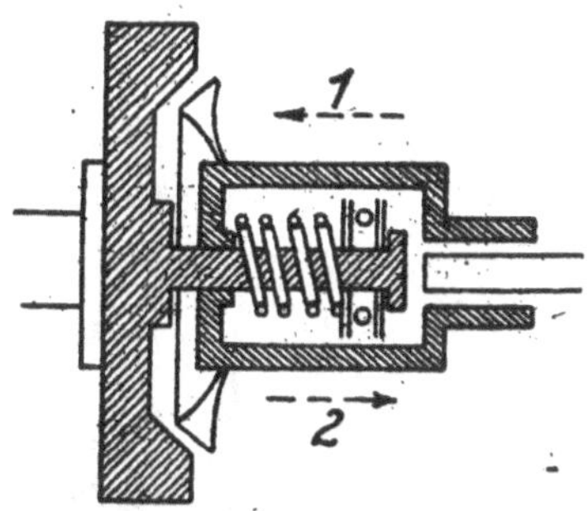

Abb. 33.

Der spezifische Druck auf die belederte Fläche darf nicht 0,7—1 kg/cm² für Leder und 1,5 kg/cm² für Ferrodo überschreiten.

Die Konusbreite ist

$$b = \frac{Q}{2\,\pi \cdot R \cdot k} \quad \ldots \ldots \ldots \quad 290.)$$

oder

$$b = \frac{400000}{R} \cdot \frac{N}{n} \quad \ldots \ldots \ldots \quad 291.)$$

Der Konushub beträgt 10—15 mm, der Pedalhub 80 mm. Der Fußdruck auf das Pedal kann angenommen werden mit 18—20 kg.

Die Kupplung Abb. 32 ist im eingeschalteten Zustande durch den achsialen Federdruck belastet, was eine seitliche Belastung der Motorwelle bewirkt. Im eingeschalteten Zustande der Kupplung wirkt der Federdruck in der Richtung des punktierten Pfeiles und belastet die Getriebewelle.

Bei der Kupplung nach Abb. 33 ist der achsiale Druck (im eingeschalteten Zustande der Kupplung) teilweise entlastet, da der Federdruck auf die Kupplung durch das am Ende der Motorwelle befindliche Drucklager aufgehoben wird. Beim Ausschalten der Kupplung wird ein achsialer Druck auf die Getriebewelle ausgeübt. Dasselbe gilt für die Kupplung nach Abb. 34. Die Abb. 35 und 36 zeigt eine

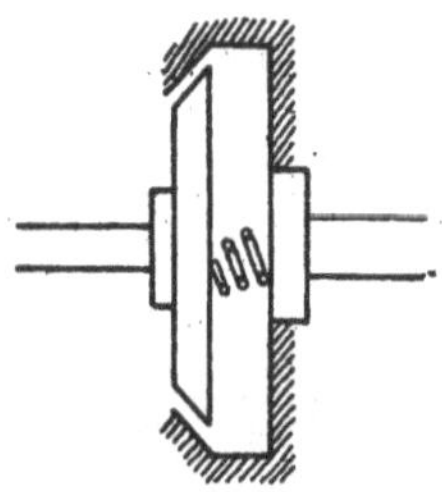

Abb. 34.

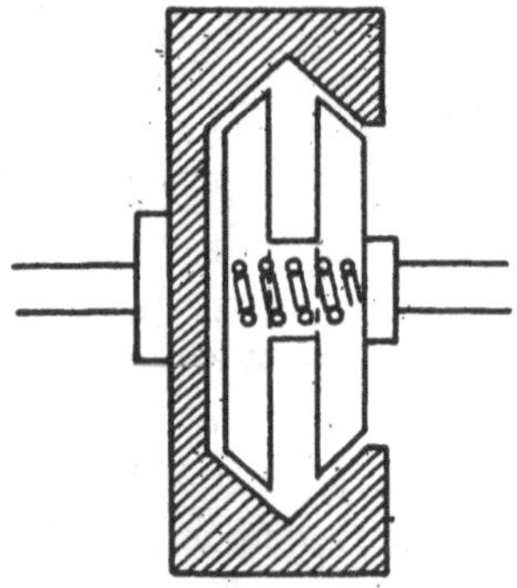

Abb. 35.

vollkommen entlastete Konuskupplung. Hier wird beim Auskuppeln das linke Wellenlager nach links geruckt und dadurch der Federdruck ausgeglichen.

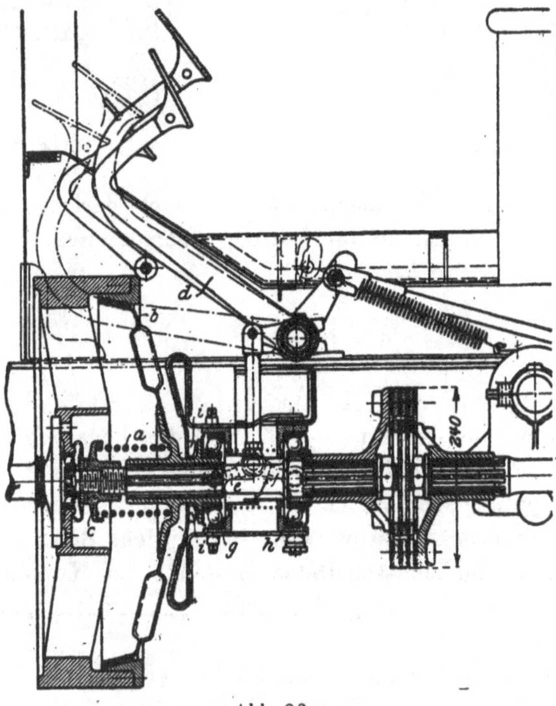

Abb. 36.

Abb. 37 zeigt schematisch eine Bandkupplung.

Bezeichnet t die Spannung des freien Endes,
t_1 „ „ „ befestigten „
b „ Breite des Bandes,

so ist
$$t_1 = t \cdot e^{f\alpha} \quad \ldots \quad 292.)$$
$e = 2{,}718$. Ferner
$$T = t_1 - t = \frac{M}{r} \quad \ldots \quad 293.)$$
und
$$t = \frac{T}{e^{f\alpha} - 1} \quad \ldots \quad 294.)$$

Der spezifische Druck wird
$$p = \frac{t}{r\,b} < 20000 \text{ kg/cm}^2 \quad \ldots \quad 295.)$$
$$\alpha = \alpha^0 \frac{\pi}{180} \quad \ldots \quad 296.)$$

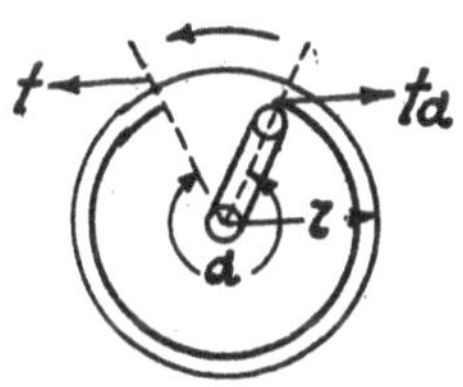

Abb. 37.

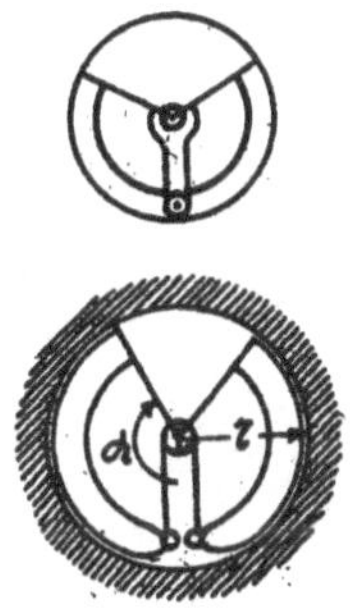

Abb. 38.

Für die Backenkupplung (Abb. 38) wird
$$T = \frac{M}{2} = 2\,p \cdot r \cdot l \cdot \alpha = 2\,p \cdot r \cdot l \cdot \cos\left(90 - \frac{\alpha}{2}\right) \quad 297.)$$
$$p < 50000$$
und für die Federkupplung (Abb. 39) wird der Federdruck
$$s = \frac{T}{e^{f} \cdot \alpha} \quad \ldots \quad 298.)$$
bei der Windungszahl m wird
$$\alpha = 2\,\pi\,m \quad \ldots \quad 299.)$$

Der Nachteil der Konuskupplung liegt in der Schroffheit des Einschaltens und in dem langsamen Stehenbleiben der Kupplungsscheibe beim Ausschalten. Aus diesem Grunde findet die Lamellenkupplung (Abb. 40) mehr Verwendung.

Ist der mittlere Radius der Lamelle R_m
die Lamellenanzahl m
der spezifische Lamellendruck $p = 0{,}8—2\ kg/cm^2$
so wird die Umfangskraft

$$T = \frac{M}{R_m} = \pi \cdot (R^2 - r^2)\, p \cdot \mu \cdot (m + 1) \quad . \quad . \quad . \quad 300.)$$

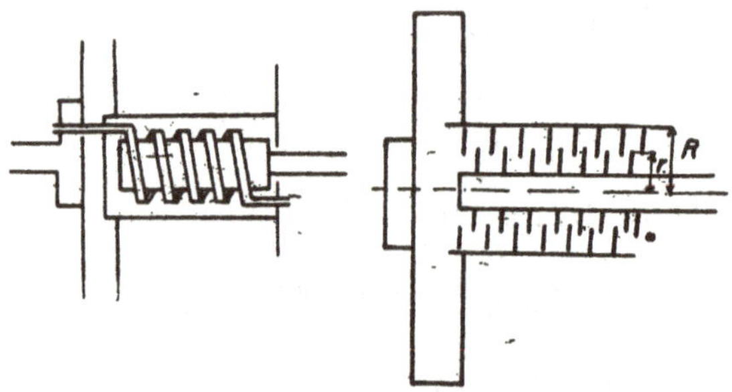

Abb. 39 und 40.

Bei $$R_m = \frac{R + r}{2} \quad . \quad . \quad . \quad . \quad . \quad . \quad . \quad . \quad . \quad . \quad 301.)$$

wird $$T = \frac{2\,M}{R + r} = \pi \cdot (R^2 - r^2)\, p \cdot \mu\, (m + 1) \quad . \quad . \quad 302.)$$

und $$m = \frac{2\,M}{(R + r) \cdot (R^2 - r^2)\, p \cdot \mu\, \pi} - 1 \quad . \quad . \quad . \quad 303.)$$

2. Wechselgetriebe.

Die Abhängigkeit zwischen Widerstandsmoment und Bewegungsmoment wurde durch die Gleichung

$$K \cdot D^2 \cdot S \cdot i \cdot \eta_v \cdot \eta_m \cdot \eta_t \cdot \beta \cdot n = \frac{(Q\,f + 0{,}01\,L\,Q)\,v + 0{,}0052\,F \cdot v^3}{m\,\eta}$$

ausgedrückt. Die Vergrößerung der Widerstände ruft eine Verminderung der Drehzahl des Motors hervor, was wieder eine Verminderung der Leistung im Gefolge hat. Der Wagenlenker kann durch Einwirkung auf die Menge und Zusammensetzung des Gemisches, die gestörten Gleichgewichtsbedingungen nur dann wieder herstellen, wenn die Änderung der Drehzahl kleiner ist, als die Stabilitätsgrenze des Motors. Ist dies nicht der Fall, so wird der Motor stehen bleiben. Es wird mithin notwendig werden, um die Gleichgewichtsbedingungen aufrecht zu erhalten, das Übersetzungsverhältnis m zu ändern.

Die Berechnung der Übersetzungsstufen unter Berücksichtigung aller Einflüsse, die den Widerstand (Reibung, Steigung, Luftwiderstand) bedingen, kann folgendermaßen vorgenommen werden.

Es sei der Widerstand

der Reibung W_1
„ Luft W_2
„ Steigung W_3

so ist
$$W = W_1 + W_2 + W_3 \quad \text{. . . . . 304.)}$$

und
$$N_e = \frac{W \cdot v \cdot 1000}{3600 \cdot 75 \cdot \eta} \quad \text{. . . . . 305.)}$$

oder, da
$$W_1 = f \cdot Q$$
$$W_2 = Q\, 0{,}0052\, u \cdot F \cdot v^2$$
$$W_3 = 0{,}01\, h \cdot Q$$

$$3{,}6 \cdot 7{,}5 \cdot \eta \cdot N_e = v \cdot (W_1 + W_3) + 0{,}0052\, u \cdot F \cdot v^3 \quad \text{. . 306.)}$$

und
$$v^3 + \frac{W'}{0{,}0052 \cdot u \cdot F} \cdot v - \frac{51920\, \eta \cdot N_e}{u \cdot F} = 0 \quad \text{. . . . . 307.)}$$

wenn $W' = W_1 + W_3$

Bezeichnet man
$$\frac{W'}{0{,}0052\, u \cdot F} = p \quad \text{. . . . . 308.)}$$

und
$$\frac{51920 \cdot \eta \cdot N_e}{u \cdot F} = \zeta \quad \text{. 309.)}$$

so wird die Gleichung 307
$$v^3 + p \cdot v - \zeta = 0 \quad \text{. . . . . 310.)}$$

oder
$$v_1 = \sqrt{-\frac{\zeta}{2} + \sqrt{\left(\frac{\zeta}{2}\right)^2 + \left(\frac{p}{3}\right)^3}} + \sqrt{-\frac{\zeta}{2} - \sqrt{\left(\frac{\zeta}{2}\right)^2 + \left(\frac{p}{3}\right)^3}} \quad \text{311.)}$$

Bezeichnet V die größte Wagengeschwindigkeit, d den Treibraddurchmesser und m' das Übersetzungsverhältnis im Differenzial, so ist
$$1000\, V = 60 \cdot \pi \cdot d \cdot m' \quad \text{. . . . . 312.)}$$

und
$$m' = 5{,}309 \cdot \frac{V}{d} \quad \text{. . . . . 313.)}$$

Ist V_1 aus Gleichung 311 bekannt, so kann das Übersetzungsverhältnis der 1. Stufe nach
$$\sigma_I' = 5{,}309 \frac{V_1}{d} \quad \text{. . . . . 314.)}$$

bestimmt werden. Mit Berücksichtigung des Übersetzungsverhältnisses im Differenzial wird das Übersetzungsverhältnis der 1. Stufe
$$\sigma_I = \frac{\sigma_I'}{m'} \quad \text{. . . . . 315.)}$$

Da alle Motorwagen bei der größten Geschwindigkeit mit dem direkten Gang arbeiten und uns das Übersetzungsverhältnis der 1. Stufe schon bekannt ist, sind noch die Zwischenstufen zu bestimmen. Bei der Bestimmung dieser Übersetzungsverhältnisse ist es notwendig, daß

a) das Verhältnis der wirklichen Wagengeschwindigkeit bei allen Stufen dasselbe bleibt,

b) häufige Steigungen ohne Umschalten genommen werden können.

Wäre die Geschwindigkeit des Wagens vom Luftwiderstande nicht abhängig, so würde es genügen, um

$$\frac{V_4}{V_3} = \frac{V_3}{V_2} = \frac{V_2}{V_1} = \frac{\sigma_{IV}}{\sigma_{III}} = \frac{\sigma_{III}}{\sigma_{II}} = \frac{\sigma_{II}}{\sigma_I} = \sigma \quad . \; 316.)$$

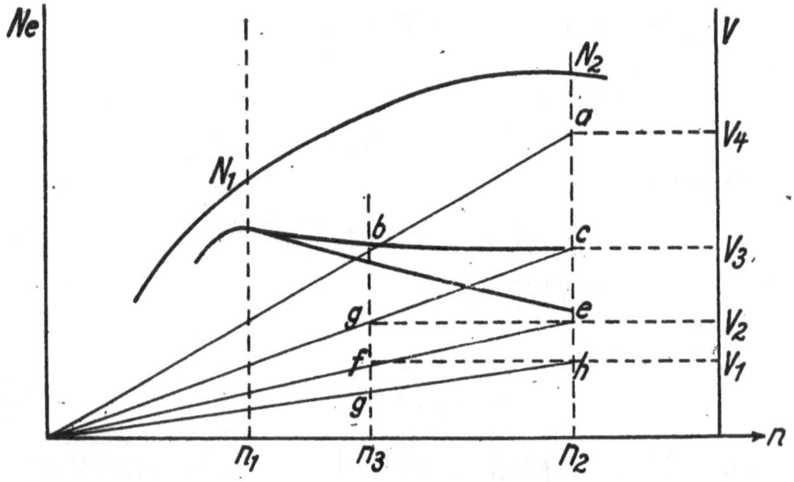

Abb. 41.

zu erhalten, das Übersetzungsverhältnis zwischen allen Stufen

$$\sigma = \sqrt[3]{\frac{V_4}{V_1}} \quad . \; . \; . \; . \; . \; . \; . \; . \; . \; . \; . \; 317)$$

zu setzen. (In Abb. 41 würde die Linie b n_3 der Übersetzungen als Gerade erscheinen.)

Da die Geschwindigkeit vom Luftwiderstand abhängig ist, so wird die wirkliche Wagengeschwindigkeit beim Einschalten einer neuen Übersetzung σ_{III} nicht v_{III}, sondern v'_{m} sein, wobei v'_{m} größer als v_{III} ist, da bei kleinerer Geschwindigkeit auch der Gesamtwiderstand kleiner wird. Aus diesem Grunde kann man annehmen, daß

$$v_{III} = \frac{v_{IV}}{\sigma_{III}} + \alpha \cdot v_{III}^2 \quad . \; . \; . \; . \; . \; . \; . \; . \; . \; 318.)$$

$$v_{II} = \frac{v_{III}}{\sigma_{II}} + \alpha \cdot v_{II}^2 \quad \ldots \ldots \ldots \quad 319.)$$

$$v_I = \frac{v_{II}}{\sigma_I} + \alpha \cdot v_I^2 \quad \ldots \ldots \ldots \quad 320.)$$

Die Koeffizienten der Gleichungen 318—320 werden der Einfachheit halber als gleichgroß angenommen und es folgt dann

$$\left.\begin{aligned} v_{III} - \alpha \cdot v_{III}^2 &= \frac{v_{IV}}{\sigma_{III}} \\ v_{II} - \alpha \cdot v_{II}^2 &= \frac{v_{III}}{\sigma_{II}} \\ v_I - \alpha \cdot v_I^2 &= \frac{v_{II}}{\sigma_I} \end{aligned}\right\} \quad \ldots \ldots \ldots \quad 321.)$$

oder

$$\left.\begin{aligned} \frac{v_{IV}}{\sigma_{III}} &= v_{III} \cdot (1 - \alpha \cdot v_{III}) \\ \frac{v_{III}}{\sigma_{II}} &= v_{II} \cdot (1 - \alpha \cdot v_{II}) \end{aligned}\right\} \quad \ldots \ldots \ldots \quad 322.)$$

da $v_{III} > v_{II}$ wird

$$\left.\begin{aligned} \frac{1 - \alpha \cdot v_{III}}{1 - \alpha \cdot v_{II}} &< 1 \\ \frac{v_{IV} \cdot \sigma_{II}}{v_{III} \cdot \sigma_{III}} &< \frac{v_{III}}{v_{II}} \end{aligned}\right\} \quad \ldots \ldots \ldots \quad 323.)$$

Um ein gleiches Verhältnis zwischen den wirklichen Wagengeschwindigkeiten zu erhalten, muß bei allen Übersetzungsstufen

$$\sigma_{II} < \sigma_{III}$$

$$\sigma_I < \sigma_{II}$$

sein. Mit anderen Worten: das gleiche Verhältnis zwischen den wirklichen Wagengeschwindigkeiten setzt ein ungleiches Verhältnis der Übersetzungen voraus, und zwar müssen die größeren Übersetzungen weiter voneinander abliegen als die kleineren. Daher wird die Linie $b_1 g'$ (Abb. 42) nicht mehr eine Senkrechte sein.

Bezeichnet W den Gesamtwiderstand, V die Wagengeschwindigkeit und N die Motorleistung, so wird unter Berücksichtigung des Luftwiderstandes $(w + \alpha v^2) V = \beta \cdot N$

Nehmen wir an, die Wagengeschwindigkeit hat sich von v_4 auf u geändert (die Geschwindigkeit u entspricht der Drehzahl n_2), dann wird

$$u = v_4^2 \cdot \frac{n_0}{n_1} \quad \ldots \ldots \ldots \quad 324.)$$

Bei dieser neuen Geschwindigkeit wird die Gleichung 324 (da gleichzeitig die Leistung des Motors von N_1 auf N_2 gesunken) die Form

$$w \cdot u + \alpha u^3 = \beta \cdot N_2$$

erhalten und

$$w \cdot v_4 \frac{n_2}{n_1} + \alpha v_4^3 \cdot \left(\frac{n_2}{n_1}\right)^3 = \beta \cdot N_2 \quad \ldots\ldots\ 325.)$$

Demnach wird der Gesamtwiderstand

$$W = \frac{\beta \cdot N_2 - \alpha v_4^3 \left(\frac{n_2}{n_1}\right)^3}{v_4 \cdot \frac{n_2}{n_1}} \quad \ldots\ldots\ 326.)$$

Nach dem Umschalten wird die Leistung des Motors wieder auf N_1 steigen und der Wagen die Geschwindigkeit v erhalten, die den Größen W_1, N_1 entspricht. Folglich wird

$$W \cdot V + \alpha v^3 = \beta \cdot N_1 \quad \ldots\ldots\ 327.)$$

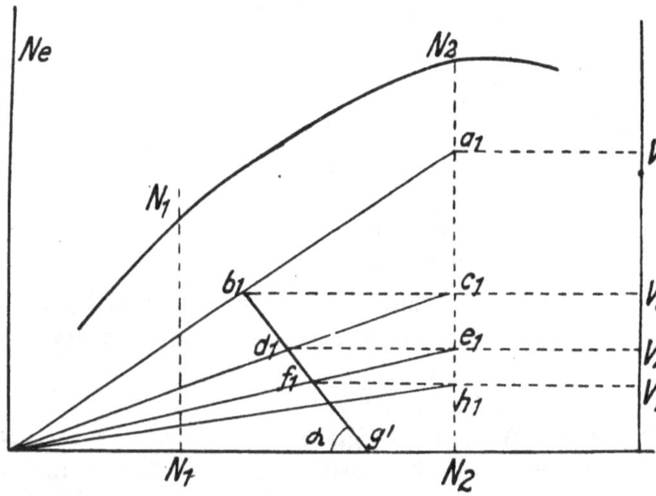

Abb. 42.

und nach Gleichung 325

$$\frac{v}{v_4} \cdot \frac{\beta \cdot N_2 - \alpha \cdot v_4^3 \cdot \left(\frac{n_2}{n_1}\right)^3}{\frac{n_2}{n_1}} = \beta \cdot N_1 - \alpha \cdot v^3 \quad 328.)$$

Da $v_4 = v \cdot \frac{n_1}{n}$ wird

$$V = \frac{\beta}{\alpha} \cdot \frac{n^2}{n_2} \cdot \frac{N_2 \cdot n - N_1 \cdot n_2}{n_2{}^2 - n^2} \quad \ldots\ldots\ 329.)$$

Um den Verlauf der Linie $b_1 g'$ zu beurteilen, muß die Gleichung 329 untersucht werden. Aus der Gleichung ist zu ersehen, daß

a) bei $V = 0;\ n = n_2 \cdot \frac{N_1}{N_2} = n_1$

b) bei $V = +\infty;\ n = n_2$

c) n zwischen n_1 und n_2 liegt.

Die Linie $b_1 g'$ wird daher keine senkrechte Gerade sondern eine gekrümmte Linie sein, die aber in ihrer Haupteigenschaft nur wenig von einer Geraden abweichen wird, so daß sie auch weiterhin als Gerade betachtet wird. Die Untersuchung dieser Frage wurde von Dipl.-Ing. Ikonen ausgeführt.

Es wird daher

$$\sigma_{III} = a \cdot \sigma \quad \text{. . . . . 330.)}$$

$$\sigma_{II} = b \cdot \sigma \quad \text{. . . . . 331.)}$$

Für Wagen mit einer Geschwindigkeit kleiner als 50 km/st, kann a = 1,1 und b = 0,9 gesetzt werden. Für Rennwagen wird a = 1,2 und b = 0,8. Wird aus der Gleichung 311 die Geschwindigkeit für die

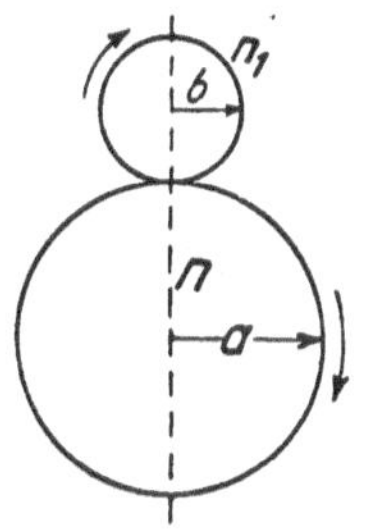

Abb. 43.

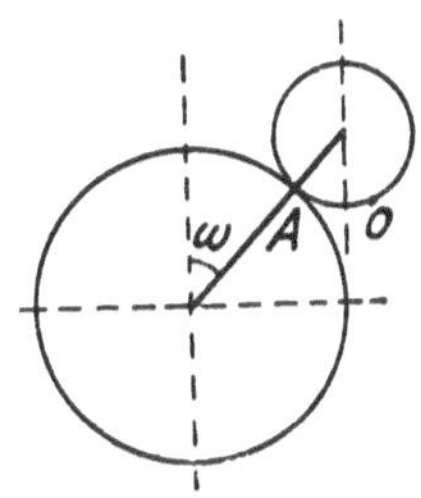

Abb. 44.

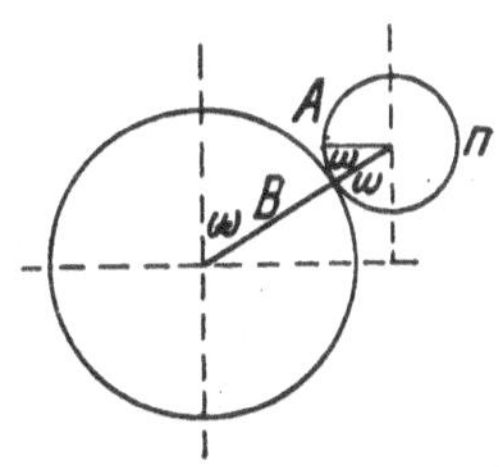

Abb. 45.

erste Stufe bestimmt und ist die Schaulinie des Motors bekannt, so ist auch der Punkt G, (Abb. 42) bekannt. Zieht man durch den Punkt G, eine senkrechte Gerade, so werden alle Zwischenstufen und deren Zahl bestimmt sein.

Für die Wechselgetriebe kommen Eingriffsräder oder Planetenräder zur Anwendung.

Bedeutet n und n_1 die Drehzahl der Zahnräder und a, b, c, d deren Durchmesser (Abb. 43—45), so wird

$$\frac{n_1}{n} = 1 + \frac{a}{b} \quad \text{. . . . . 332.)}$$

Für Abb. 46 $$\frac{n_1}{n} = \left(1 - \frac{a}{b} \cdot \frac{c}{d}\right) \text{ wobei } d > a \quad \text{. . . . . 333.)}$$

Für Abb. 46 $$\frac{n_1}{n} = -\left(1 - \frac{a}{b} \cdot \frac{c}{d}\right) \text{ wobei } d < a \quad \text{. . . . 334.)}$$

Für Abb. 47 $$\frac{n_1}{n} = \left(1 + \frac{a}{d}\right) \quad \text{. . . . . 335.)}$$

Für Abb. 48 (hier ist das Zahnrad d abgebremst)

$$\frac{n_1}{n} = \left(1 + \frac{d}{a}\right) \quad \ldots\ldots\ldots \quad 336.)$$

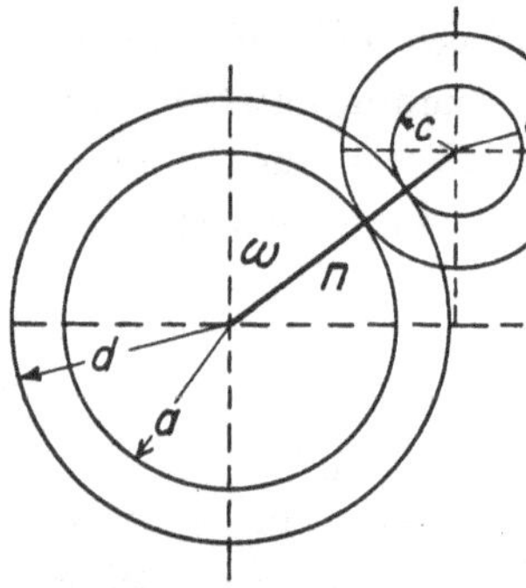

Abb. 46.

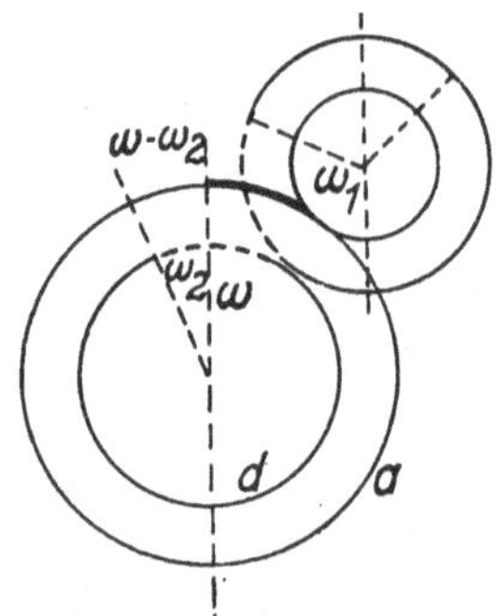

Abb. 46 a.

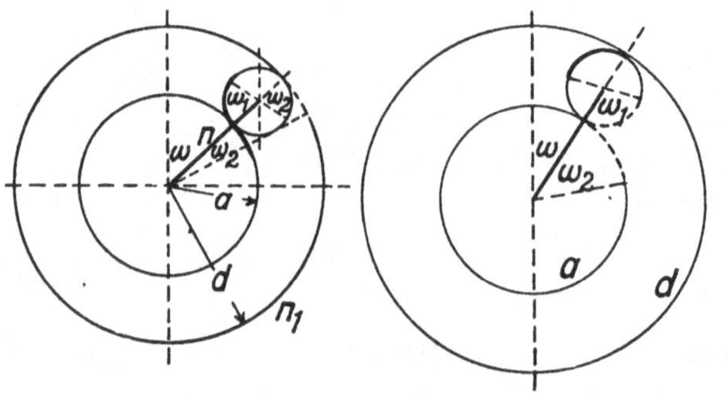

Abb. 47 und 48.

Für Kleinwagen kommt mitunter ein Reibradgetriebe zur Anwendung, das sich durch den konstanten Eingriff bei sämtlichen Übersetzungsverhältnissen auszeichnet. Der Übersetzungsmechanismus wird in 2 Arten ausgeführt:

1. Kegelgetriebe (Abb. 49).

Hier wird $$T = \frac{M}{r} \quad \ldots\ldots\ldots \quad 337.)$$

$$R = \frac{T}{\mu} \quad \ldots\ldots\ldots \quad 338.)$$

Achsdruck $$P = R \cdot \sin \alpha \quad \ldots\ldots\ldots \quad 339.)$$

$$p = R \cdot \cos \alpha \quad \ldots\ldots\ldots \quad 340.)$$

$$\operatorname{tg} \alpha = \frac{D}{d} \quad \ldots\ldots\ldots \quad 341.)$$

2. Scheibengetriebe (Abb. 50).

Umfangskraft
$$T = \frac{75 \cdot N_e}{v} \quad \ldots\ldots \quad 342.)$$

$$v = \frac{2\pi \cdot R_1 \cdot n}{60} \quad \ldots\ldots \quad 343.)$$

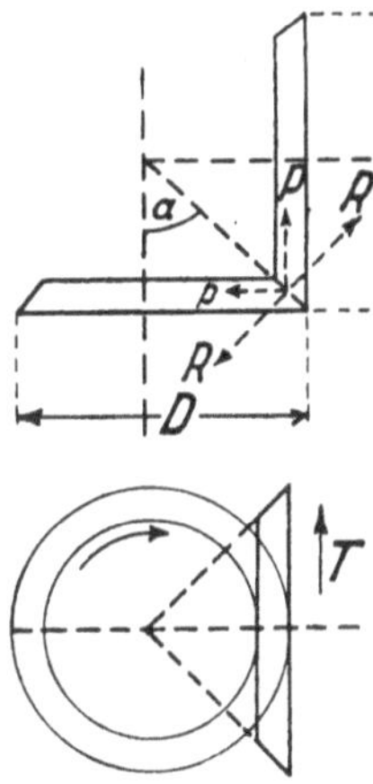

Abb. 49.

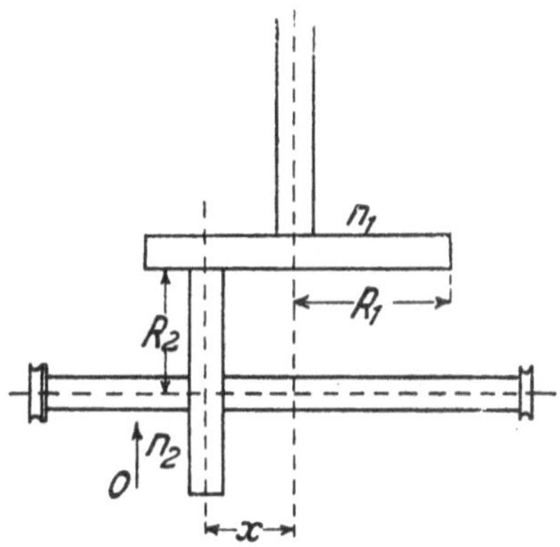

Abb. 50.

Übersetzungsverhältnis

$$m = \frac{x}{R_2} \quad \ldots\ldots \quad 344.)$$

$$n_2 \cdot R_2 = n_1\, x \quad \ldots\ldots \quad 345.)$$

Anpressungsdruck

$$Q > \frac{T}{\mu} \quad \ldots\ldots \quad 346.)$$

3. Kardanantrieb.

Die Kardanübertragung ist in Abb. 51 und 52 schematisch dargestellt. Die Welle I ist die Fortsetzung der Getriebewelle, die Welle II führt zu den Triebrädern. Bei der Drehung des Kardanantriebes dreht sich das Segment $A\,A_1$ um die Achse g, und das Segment $B\,B_1$ um die Achse g_1. Denken wir uns das Segment $A\,A_1$ in der Ebene O A und das Segment $B\,B_1$ in der Ebene O B liegen, so wird bei einer Drehung des ganzen Systems $A\,A_1\,B\,B_1$ die Lage des Punktes O unverändert bleiben. Beim Übergang der Lage $A_0\,B_0$ in die Lage $A\,A_1$ wird sich der Punkt B_0 nach dem Kreise b und der Punkt A_0 nach dem Kreise a bewegen, so daß

$$A_0 A = B_0 A_1$$

und der Weg des Punktes B $= B_0 B$ wird.

Um die Größe dieses Weges zu bestimmen, drehen wir den Kreis b um die Achse $B B_0$ bis zur Berührung mit dem Kreise a und die Größe $B_0 B_1$ wird den Weg darstellen, der vom Punkte B zurückgelegt wurde. Auf diese Weise wird die Achse g um den Winkel $B_0 O A_1 = \alpha$ gedreht, wobei sich die Achse g_1 in derselben Zeit um den Winkel $B_0 O B_1 = \beta$ gedreht hat.

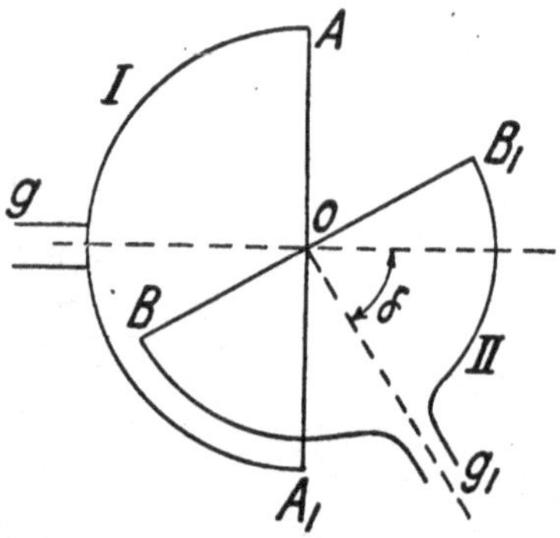

Abb. 51.

Aus Abb. 52 folgt

$$\frac{\overline{BF}}{\overline{B_1F}} = \cos\delta \quad \ldots \quad 347.)$$

$$\operatorname{tg}\alpha = \frac{\overline{BF}}{\overline{OF}} \quad \ldots \quad 348.)$$

$$\operatorname{tg}\beta = \frac{\overline{B_1 F}}{\overline{OF}} \quad \ldots \quad 349.)$$

$$\frac{\operatorname{tg}\alpha}{\operatorname{tg}\beta} = \frac{\overline{BF}}{\overline{B_1 F}} = \cos\delta = \text{Konst} \quad \ldots \quad 350.)$$

Aus Gleichung 350 folgt

$$\operatorname{tg}\beta = \frac{\operatorname{tg}\alpha}{\cos\delta} \quad \ldots \quad 351.)$$

oder

$$\omega_1 = \omega \cdot \frac{d\beta}{d\alpha} \quad \ldots \quad 352.)$$

wenn ω die Drehzahl der Achse g und ω_1 die Drehzahl der Achse g_1 bedeutet.

Aus Gleichung 351 folgt

$$\frac{d\beta}{\cos^2\beta} = \frac{d\alpha}{\cos^2\alpha} \cdot \frac{1}{\cos\delta} \quad \ldots\ldots\ldots\ldots \; 353.)$$

$$\frac{d\beta}{d\alpha} = \frac{\cos^2\beta}{\cos^2\alpha \cdot \cos\beta} \quad \ldots\ldots\ldots\ldots \; 354.)$$

und da

$$\cos^2\beta = \frac{1}{1+\operatorname{tg}^2\beta} \quad \ldots\ldots\ldots\ldots \; 355.)$$

ist

$$\operatorname{tg}^2\beta = \frac{\operatorname{tg}^2\alpha}{\cos^2\delta} \quad \ldots\ldots\ldots\ldots \; 356.)$$

$$\cos^2\beta = \frac{1}{1+\frac{\operatorname{tg}^2\alpha}{\cos^2\delta}} \quad \ldots\ldots\ldots \; 357.)$$

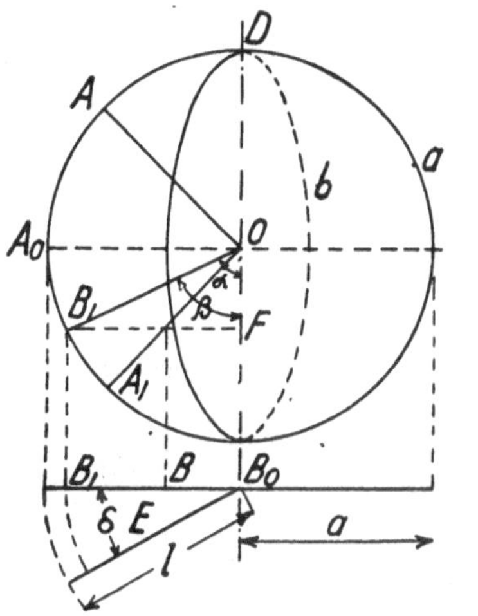

Abb. 52.

Aus Gleichung 355 und 357 folgt

$$\frac{d\beta}{d\alpha} = \frac{1}{\cos^2\alpha \cdot \cos^2\beta + \frac{\operatorname{tg}^2\alpha \cdot \cos^2\alpha}{\cos\delta}} = \frac{\cos\delta}{\cos^2\delta \cdot \cos^2\alpha + \operatorname{tg}^2\alpha \cdot \cos^2\alpha} \quad 358.)$$

Da $\quad \operatorname{tg}^2\alpha \cdot \cos^2\alpha = \sin^2\alpha \quad \ldots\ldots\ldots\ldots \; 359.)$

so wird

$$\frac{d\beta}{d\alpha} = \frac{\cos\delta}{\cos^2\delta \cdot \cos^2\alpha + \sin^2\alpha} = \frac{\cos\delta}{(1-\sin^2\delta)\cdot\cos^2 + (1-\cos^2\alpha)} \quad 360.)$$

Aus Gleichung 360 folgt

$$\frac{\omega_1}{\omega} = \frac{d\beta}{d\alpha} = \frac{\cos\delta}{1-\sin^2\delta \cdot \cos^2\alpha} \quad \ldots\ldots \; 361.)$$

$$\text{Bei } \alpha = 90 \text{ und } 270^0 \text{ ist } \frac{\omega_1}{\omega} = \cos\delta \quad . \quad . \quad . \; 362.)$$

$$\text{„ „} = 0 \quad \text{„} \quad 180^0 \quad \text{„} \; \frac{\omega}{\omega} = \frac{1}{\cos\delta} \quad . \quad . \quad . \; 363.)$$

Auf diese Weise muß bei gleichbleibender Winkelgeschwindigkeit ω der Welle g die Winkelgeschwindigkert ω_1 sich fortwährend ändern.

$$\omega_1 = k \cdot \omega \; . \; . \; . \; . \; . \; . \; . \; . \; . \; . \; . \; . \; . \; . \; 364.)$$

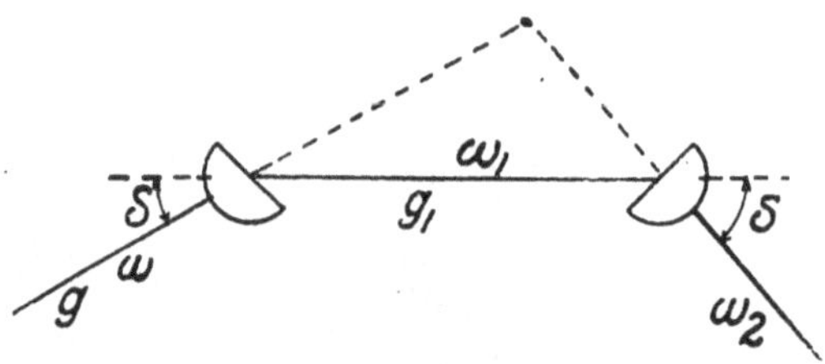

Abb. 53.

worin k sich vom kleinsten Wert $\cos\delta$ bis zum größten Wert $\frac{1}{\cos\delta}$ ändert. Um diese Ungleichheit zu beseitigen, wird eine doppelte Übertragung (Abb. 53) angewandt. Hier ist

$$\left.\begin{array}{l} \frac{\omega_1}{\omega} \text{ bei } \alpha = 0\text{—}90 > 1 \\ \frac{\omega_2}{\omega} \;\text{„}\; \alpha = 0\text{—}90 < 1 \end{array}\right\} \frac{\omega_2}{\omega} = 1$$

$$\left.\begin{array}{l} \frac{\omega_1}{\omega} \;\text{„}\; \alpha = 90\text{—}180 < 1 \\ \frac{\omega_1}{\omega} \;\text{„}\; \alpha = 90\text{—}180 > 1 \end{array}\right\} \frac{\omega_2}{\omega} = 1$$

Bezeichnet M = Drehmoment des Schwungrades, m_1 = Übersetzung im Wechselgetriebe und m_2 = Übersetzung im Differenzial, so wird das Drehmoment der Kardanwelle

$$M_k = M \cdot m_1 \; . \; . \; . \; . \; . \; . \; . \; . \; . \; . \; . \; . \; . \; 365.)$$

Nach Abb. 54 geben die rechte und linke Achsseite der Hinterbrücke das Moment

$$M_0 = M \cdot m_1 \cdot m_2 \; . \; . \; . \; . \; . \; . \; . \; . \; . \; . \; . \; 366.)$$

ab. Die Belastung der Brücke bei der einfachen Kardanübersetzung erfolgt durch die Momente, hervorgerufen durch

a) das Wagengewicht

$$M_1 = \frac{Q_h}{2} \cdot 1000\, a \quad \ldots \ldots \ldots \quad 367.)$$

b) das Brückengewicht

$$M_2 = 0{,}75 \cdot q \cdot \frac{s}{4} \quad \ldots \ldots \ldots \quad 368.)$$

c) die Triebkraft

$$M_3 = \frac{Q_r}{2}\, 1000 \cdot \mu \cdot \frac{s}{2} \quad \ldots \ldots \quad 369.)$$

worin Q_h das Gewicht der abgefederten Teile des Wagens und q das Brückengewicht bedeutet. Da die Momente M_1 und M_2 in senkrechten Ebenen liegen, so wird das resultierende Moment

$$M' = \sqrt{(M_1 + M_2)^2 + M_3^2} \quad \ldots \ldots \ldots \quad 370.)$$

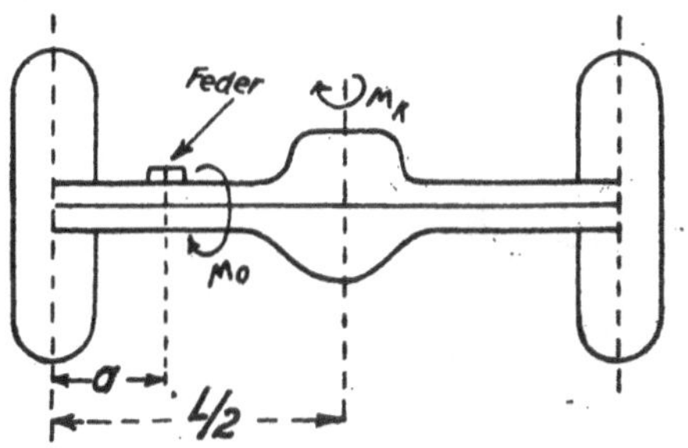

Abb 54.

Bei der doppelten Kardanübersetzung wird die Kardanwelle durch das Moment $M \cdot m_1$ und die Stangen durch das Moment $M \cdot m_1 \cdot m_2$ belastet.

Auf die Hinterbrücke wirken die Momente

a) des Wagengewichtes

$$M_1 = \frac{Q_h}{2}\, 1000 \cdot a \quad \ldots \ldots \ldots \quad 371.)$$

b) des Brückengewichtes

$$M_2 = 0{,}75 \cdot \frac{q}{4} \cdot \frac{\varrho}{4} \cdot \quad \ldots \ldots \ldots \quad 372.)$$

c) der Triebkraft

$$M_3 = \frac{Q_r}{2}\, \mu\, 1000 \cdot a \quad \ldots \ldots \ldots \quad 373.)$$

und das resultierende Moment wird

$$M' = \sqrt{(M_1 + M_2)^2 + M_3^2} \quad \ldots \ldots \ldots \quad 374.)$$

4. Kettenantrieb.

Der Kettenantrieb ist in Abb. 55 schematisch dargestellt. Das Zahnrad 0 ist an der Welle des Wechselgetriebes, das Zahnrad 0_1 an den Treibrädern befestigt. Während der Fahrt wird das Zahnrad 0 infolge von Schwingungen in die Lage II gelangen.

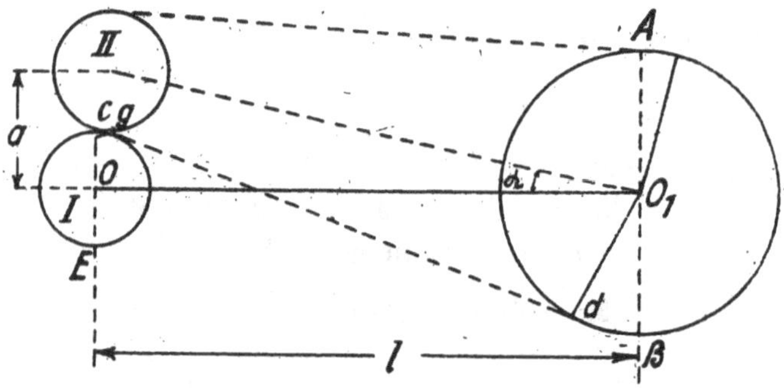

Abb. 55.

Es wird

$$\sin \alpha = \frac{a}{l} \quad \ldots \ldots \ldots \ldots \quad 375.)$$

$$\overline{Bd} = \frac{\pi \cdot D \cdot \alpha}{360} \quad \ldots \ldots \ldots \ldots \quad 376.)$$

$$\overline{cg} = \frac{\pi \cdot d \cdot \alpha}{360} \quad \ldots \ldots \ldots \ldots \quad 377.)$$

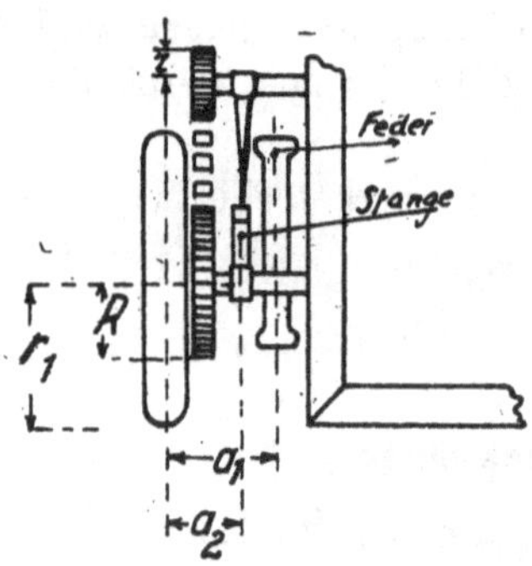

Abb. 56

die Länge, auf welche die Kette während der Änderung der Lage des Zahnrades ausgedehnt wird, ist

$$x = \overline{Bd} - \overline{cg} = \frac{\pi (D - d) \alpha}{360} \quad \ldots \quad 378.)$$

Nach Abb. 56 sind die Schubstangen belastet durch

a) die Treibkraft $\frac{1}{2} Q_r \cdot \mu$ . . . . 379.)

b) Kettenspannung $L = \frac{1}{2} \cdot \frac{Q_r \cdot m_1 \cdot r \cdot 1000}{R}$ . . 380.)

Die Belastung der Hinterachse erfolgt durch

a) das Moment des Wagengewichtes $\frac{Q_h}{2} \cdot 1000 \cdot a$ . . . . . 381.)

b) das Moment der Treibkraft $\frac{1}{2} Q_r \mu \cdot a_2$ . . . . 382.)

VI. Kräfte und Reaktionen am Motorwagen.

1. Abfederung.

Die Abb. 57 zeigt die Kraft- und Reaktionsverteilung wie sie am Motorwagen in Erscheinung tritt. Das Drehmoment der Kardanwelle hat eine Reaktionswirkung im Lager E zur Folge. Gleichzeitig wird durch das Drehmoment am Umfange des Wagenrades eine Reaktionskraft $R = Q_r \cdot \mu$ erzeugt.

Es wird mithin der Wagen durch die Schubkraft R und die Reaktionskraft E belastet.

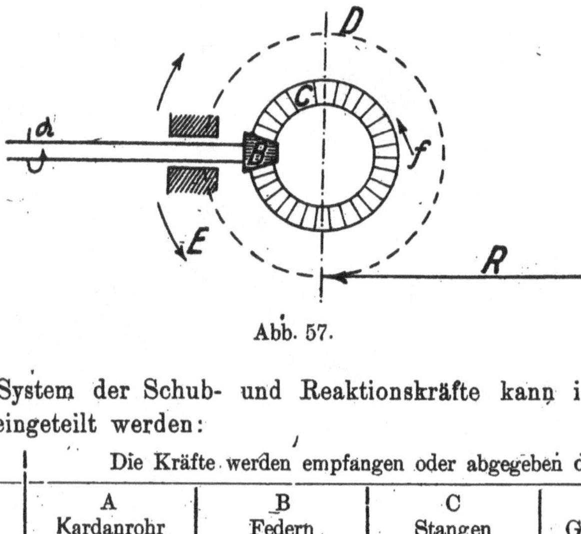

Abb. 57.

Das System der Schub- und Reaktionskräfte kann in folgende Gruppen eingeteilt werden:

	Die Kräfte werden empfangen oder abgegeben durch			
Schubkräfte	A Kardanrohr	B Federn	C Stangen	D Gabelstangen
Drehkräfte	1 Kardanrohr	2 Federn	3 Stangen	4 Gabelstangen

Diese Systeme — Abb. 58—66 und 104 — können nach Tabelle CVI bewertet werden, u. zw. nach folgenden Standpunkten:

a) von den während der Kraftübertragung entstehenden Spannungen bei 1. Stillstand des Rades, 2. der horizontalen Be-

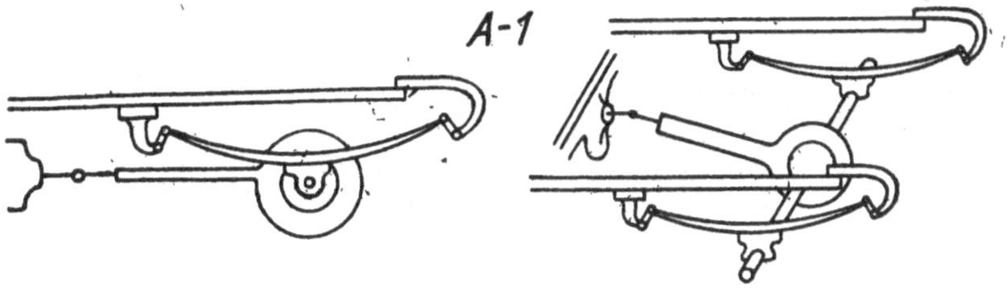

Abb. 58.

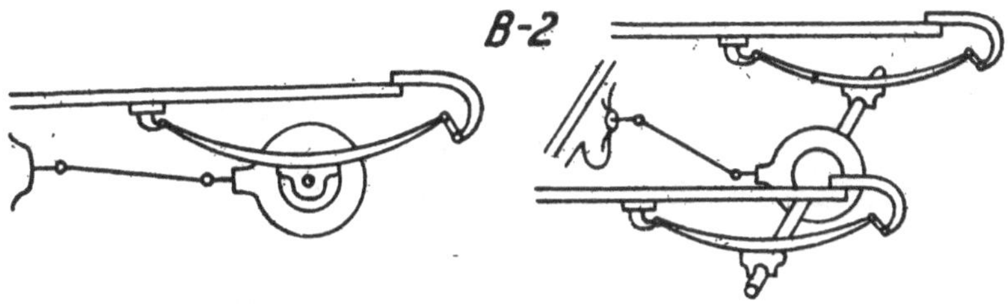

Abb. 59.

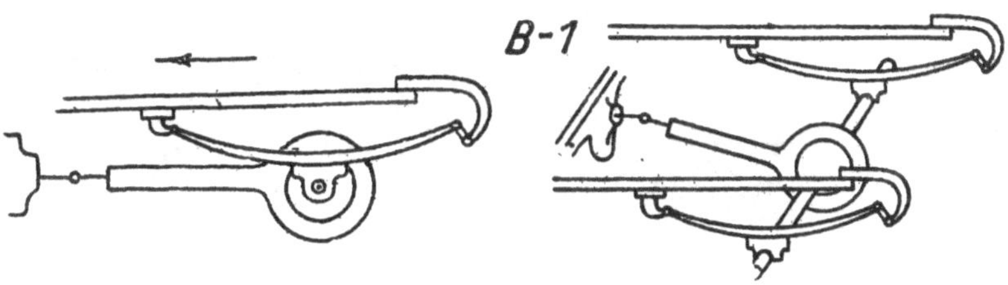

Abb. 60.

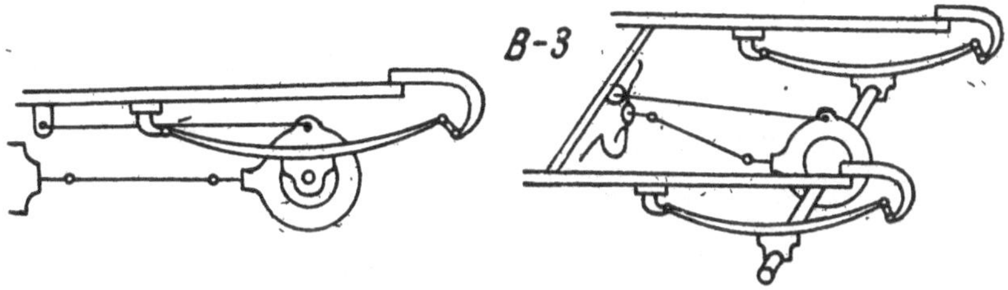

Abb. 61.

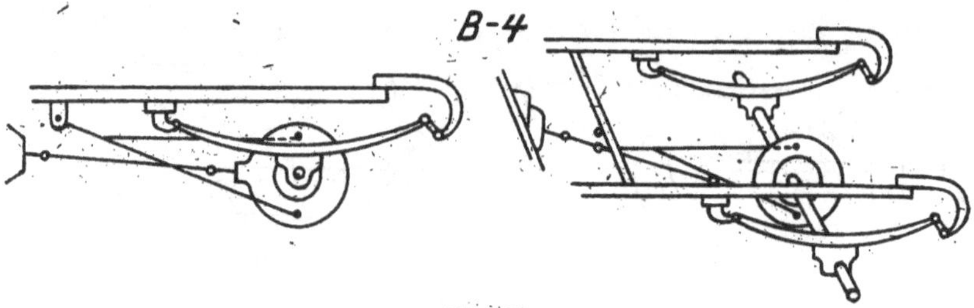

Abb. 62.

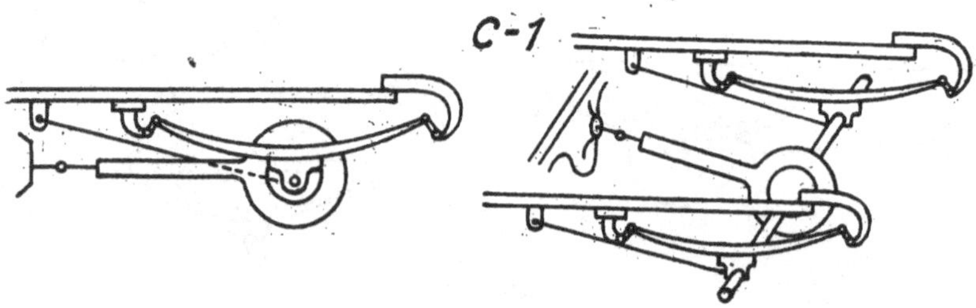

Abb. 63.

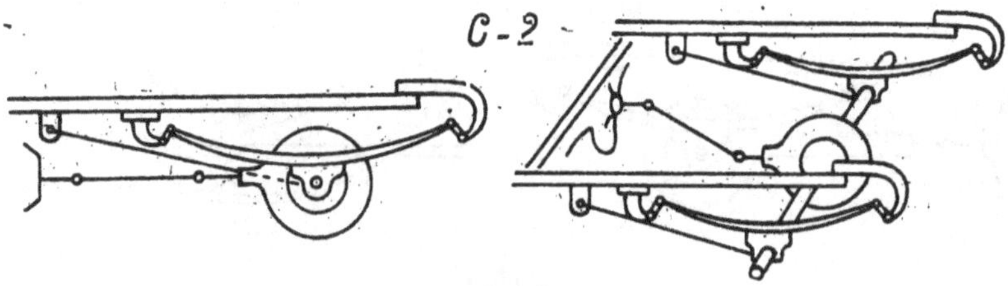

Abb. 64.

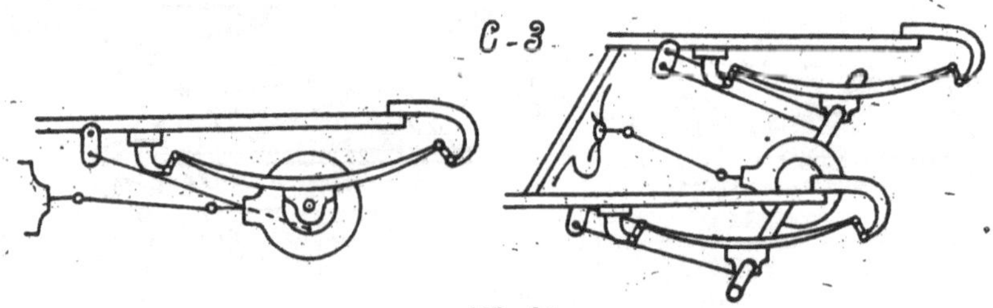

Abb 65.

Tabelle CVI.

Nr.	Bezeichnungen	Die Schubkräfte werden empfangen durch	Die Drehkräfte werden empfangen durch
1	A — 1 (Abb. 58)	Kardanrohr	Kardanrohr
2	A — 2	„	Feder
3	A — 3	„	Stange
4	A — 4	„	Gabelstange
5	B — 1 (Abb. 60)	Feder	Kardanrohr
6	B — 2 (Abb. 59)	„	Feder
7	B — 3 (Abb. 61)	„	Stange
8	B — 4 (Abb. 62)	„	Gabelstange
9	C — 1 (Abb. 63)	Stange	Kardanrohr
10	C — 2	„	Feder
11	C — 3	„	Stange
12	C — 4	„	Gabelstange
13	D — 1	Gabelstange	Kardanrohr
14	D — 2	„	Feder
15	D — 3	„	Stange
16	D — 4	„	Gabelstange
17	AB — 1	Kardanrohr und Feder	Kardanrohr
18	AB — 2	„ „ „	Feder
19	AB — 3	„ „ „	Stange
20	AB — 4	„ „ „	Gabelstange
21	AC — 1	„ „ Stange	Kardanrohr
22	AC — 2	„ „ „	Feder
23	AC — 3	„ „ „	Stange
24	AC — 4	„ „ „	Gabelstange
25	BC — 1	Feder „ „	Kardanrohr
26	BC — 2	„ „ „	Feder
27	BC — 3	„ „ „	Stange
28	BC — 4	„ „ „	Gabelstange
29	AD — 1	Kardanrohr „ Gabelstange	Kardanrohr
30	AD — 2	„ „ „	Feder
31	AD — 3	„ „ „	Stange
32	AD — 4	„ „ „	Gabelstange
33	BD — 1	Feder „ „	Kardanrohr
34	BD — 2	„ „ „	Feder
35	BD — 3	„ „ „	Stange
36	D — 4	„ „ „	Gabelstange

Nr.	Bezeichnungen	Die Schubkräfte werden empfangen durch	Die Drehkräfte werden empfangen durch
37	CD — 1	Stange und Gabelstange	Kardanrohr
38	CD — 2	„ „	Feder
39	CD — 3	„ „	Stange
40	CD — 4	„ „	Gabelstange
41	A — 12	Kardanrohr	Kardanrohr und Feder
42	A — 13	„	„ „ Stange
43	A — 14	„	„ „ Gabelstange
44	A — 23	„	Feder „ Stange
45	A — 24	„	„ „ Gabelstange
46	A — 34	„	Stange „ „
47	B — 12	Feder	Kardanrohr „ Feder
48	B — 13	„	„ „ Stange
49	B — 14	„	„ „ Gabelstange
50	B — 23	„	Feder „ Stange
51	B — 24	„	„ „ Gabelstange
52	B — 34	„	Stange „ „
53	C — 12	Stange	Kardanrohr „ Feder
54	C — 13	„	„ „ Stange
55	C — 14	„	„ „ Gabelstange
56	C — 23	„	Feder „ Stange
57	C — 24	„	„ „ Gabelstange
58	C — 34	„	Stange „ „
59	D — 12	Gabelstange	Kardanrohr „ Feder
60	D — 13	„	„ „ Stange
61	D — 14	„	„ „ Gabelstange
62	D — 23	„	Feder „ Stange
63	D — 24	„	„ „ Gabelstange
64	D — 34	„	Stange „ „

NN 2, 3, 4, 13, 14, 15, 16 — praktisch undurchführbar.

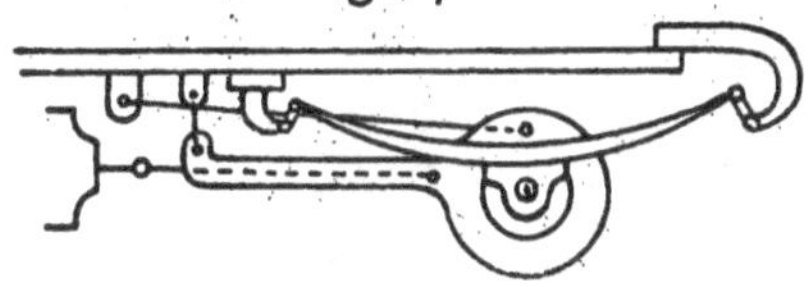

Abb. 66.

wegung der Räder, 3. bei horizontalem Schub des ganzen Systems.

b) von den Spannungsverteilungen.

c) von den Exploitationsbedingungen.

Für kleine Wagen ist das Schema 1 sehr bequem. Das Bestreben, die Federn zu entlasten, führt zu verschiedenen Systemen, wie AB—1, AB—2, AB—4, BC—1, BC—2, BC—3, BC—4, A—1 2, A—2 3, A—2 4, B—2 3, B—2 4, C—2 3, D—2 3, D—2 4.

Alle Systeme, NN 1, 5, 9, 13, 17, 21, 25, 29, 33, 37, 41, bei denen die Reaktionskräfte durch das Kardanrohr vernichtet werden, erfordern einen einfachen Kardan, alle anderen eine doppelt Kardanübertragung.

Bei den Systemen, wo die Schubkraft durch die Feder empfangen wird, muß die Feder fest an dem Rahmen (vorn) befestigt werden.

2. Bremsen.

Bezeichnet Q das Wagengewicht, s den Bremsweg, D den Durchmesser der Treibräder, d den Durchmesser der Bremsscheibe, B die Bremskraft und v die Wagengeschwindigkeit, so wird die lebendige Kraft des Wagens

$$W = \frac{Q}{2g} v^2 \qquad \qquad 383.)$$

und die Bremsarbeit

$$P = \frac{B \cdot s \cdot d}{D} \qquad \qquad 384.)$$

Da W = P, so ist

$$\frac{Q}{2g} \cdot v^2 = \frac{B \cdot s \cdot d}{D} \qquad \qquad 385.)$$

Wird v = 15 km/st, s = 8 m angenommen, so folgt nach Gleichung 385

$$B = 0{,}112\, Q \cdot \frac{d}{D} \qquad \qquad 386.)$$

Ist n_1 die Drehzahl der Wagenräder und n_2 die Drehzahl der Bremsscheibe, so wird

$$B = 0{,}112\, Q \frac{d}{D} \cdot \frac{n_1}{n_2} \qquad \text{387.)}$$

Allgemein kann angenommen werden:

für Kardanbremsen	bei leichten	Wagen	$d = 0{,}225$ m
„ „	„ schweren	„	$d = 0{,}280$ m
„ Bandbremsen	„ leichten	„	$d = 0{,}350$ m
„ „	„ schweren	„	$d = 0{,}500$ m

Die Bremsbedingung ist

$$B\, d < \mu \cdot Q \cdot D \qquad \text{388.)}$$

Aus Gleichung 387 und 388 folgt

$$B < \mu \cdot Q \cdot \frac{D}{d} \cdot \frac{n_1}{n_2} \qquad \text{389.)}$$

Ist das Wagengewicht, das auf den Vorderrädern lastet Q' und das gesamte Wagengewicht Q, so wird

$$Q_2 = Q - Q' \qquad \text{390.)}$$

das Gewicht, welches auf den Hinterrädern lastet.

Beim Bremsen der Hinterräder ist $\frac{Q_2}{Q} < 1$

Beim Bremsen der 4 Räder ist $\frac{Q_2}{Q} = 1$

Allgemein wird für Personenwagen $\frac{Q_2}{Q} = 0{,}65—0{,}62$

„ leichte Lastwagen „ $= 0{,}60—0{,}64$

„ Motoromnibusse „ $= 0{,}64—0{,}69$

„ schwere Lastwag. „ $= 0{,}64—0{,}68$

Nach Gleichung 385 muß, sobald 4 Räder abgebremst werden, der Bremsweg kleiner werden. Nach Gleichung 385 folgt:

$$s = \frac{v^2}{2\, g \frac{Q_2}{Q} \mu} \qquad \text{391.)}$$

Die Zeitdauer vom Beginn der Bremsung bis zum Stillstand des Wagens (Luftwiderstand wird vernachlässigt) ist

$$t = \frac{v^2}{\frac{Q_2}{Q} \cdot \mu \cdot g} \qquad \text{392.)}$$

Wird der Luftwiderstand berücksichtigt, so ist

$$s = \frac{Q}{g \cdot F} \cdot \log \left(v^2 + \frac{Q_2 \cdot \mu}{K \cdot F} \right) \qquad \text{393.)}$$

Der Einfluß des Luftwiderstandes auf die Bremsstrecke ist aus nachstehender Tabelle CVII und CVIII zu ersehen.

Tabelle CVII.

V km/st	Beim Bremsen der Hinterräder		Beim Bremsen der Vorderräder		Beim Bremsen der 4 Räder	
	Bremsweg S m	Bremszeit t sec	s	t	s	t
8	0,578	0,55	0,77	0,73	0,41	0,365
16	2,2	1,1	3,97	1,4	1,66	0,75
32	9,8	2,2	13,1	2,9	6,5	1,46
48	22,4	3,3	29,7	4,4	14,8	2,20
64	38,5	4,4	51,5	5,9	26,4	2,98
80	61,0	5,5	71,5	7,3	41,2	3,65
96	88,5	6,6	118,0	8,8	59,0	4,38
112	122,0	7,7	165,0	10,3	79,5	5,1

Tabelle CVIII.

V Meilen/st	Bremsweg	
	Luftwiderstand berücksichtigt engl. Fuß	Luftwiderstand vernachlässigt engl. Fuß
5	1,83	1,89
10	7,75	7,33
20	31,30	32,30
30	68,80	73,00
40	114,00	126,00
50	175,00	200,00
60	238,00	290,00
70	316,00	397,00

VII. Die Lenkung.

In Abb. 67 und 68 ist die Lenkung sowie die Vorderradachse an zwei verschiedenen Federsystemen schematisch dargestellt. Vergleicht man die beiden Federsysteme und ihren Einfluß auf die Lenkung, so ergibt sich, daß

1. bei der Anordnung nach Abb. 68 wird die Feder auf Zug belastet. Der Mittelpunkt 6 der Feder wird um den Bogen b b, der Steuerfinger um den Bogen a a schwingen, die Vorderräder werden bei jeder Federschwingung einen Schub, entsprechend der Verschiebung des Steuerfingers erleiden.

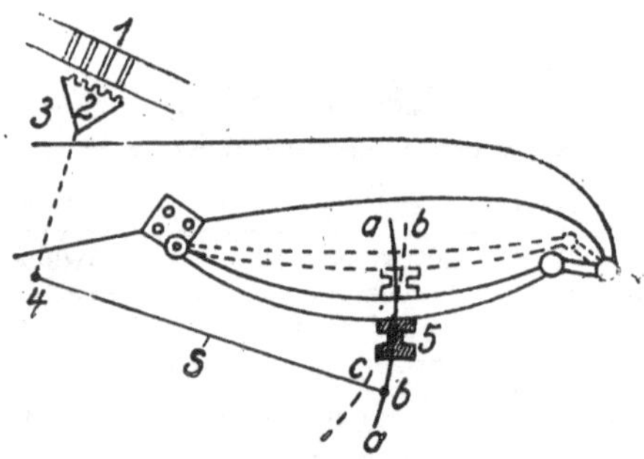

Abb 67.

2. bei der Anordnung nach Abb. 67 wird die Feder auf Druck beansprucht, aber die Vorderradachse und der Steuerfinger werden jetzt auf zwei gleichgerichteten Bogen schwingen (a a und b b), wodurch die Möglichkeit gegeben ist, die Lage des Punktes 4 und die Länge der Stange S so zu wählen, daß die beiden Bogen a a und b b zusammenfallen.

Vom Standpunkt des Einflusses der Federwirkung auf die Stabilität der Lenkung, liegen die Vorzüge auf Seite der Anordnung nach Abb. 67. Vom Standpunkt der Federbelastung aber auf Seite der Anordnung nach Abb. 68, da die Beanspruchung der Federn auf Druck eine schädliche Wirkung auf die Federn ausübt. Dieser Umstand erklärt die Verbreitung der Anordnung nach Abb. 68.

Bei Anordnung der Lenkung nach Abb. 68 ist erforderlich, daß

a) die Lage des Punktes 4 und die Länge der Stange S derart bestimmt, daß die Bogen a a und b b zusammenfallen.

b) daß die Durchbiegung der Feder und die Länge der Stange S derart einander entsprechen, daß die Bogen a a und b b zusammenfallen.

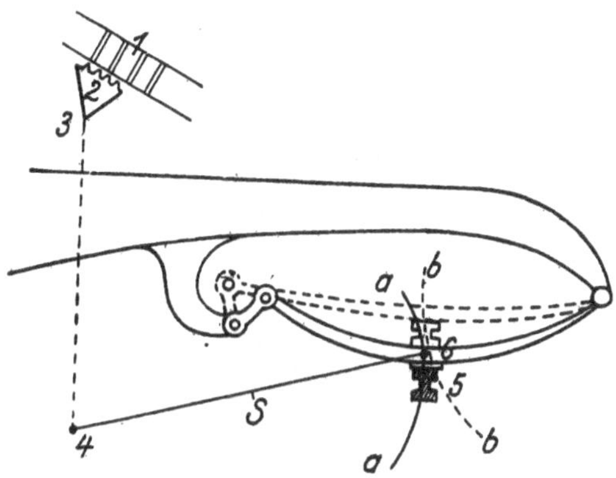

Abb. 68.

Um die Lage der Stange S zu bestimmen, kann die von Ravigneau vorgeschlagene Methode zur Anwendung kommen (Abb. 69).

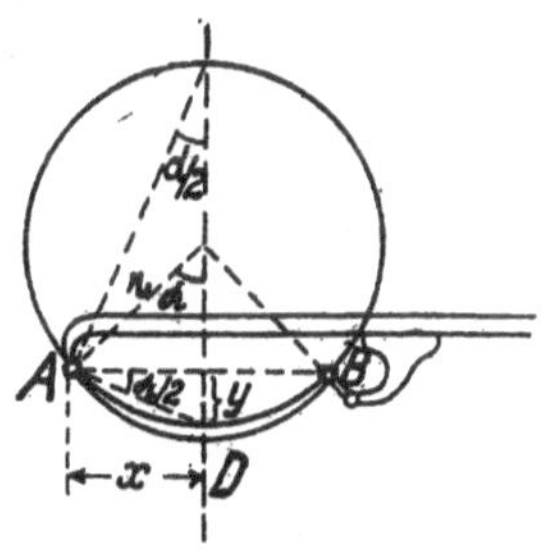

Abb. 69.

Die Federlänge ist

$$l = 2\,r\,\alpha \quad \text{. . . . . 394.)}$$

$$x = r \cdot \sin \alpha \quad \text{. . . . . 395.)}$$

$$y = \overline{AD} \cdot \sin \frac{\alpha}{2} \quad \text{. . . . . 396.)}$$

da

$$\overline{AD} = 2\,r \cdot \sin \frac{\alpha}{2} \quad \text{. . . . . 397.)}$$

so ist

$$y = 2\,r \cdot \sin^2 \frac{\alpha}{2} \quad \text{. . . . . 398.)}$$

und daher
$$x = \frac{l}{2\alpha} \cdot \sin\alpha \quad . \quad . \quad . \quad . \quad 399.)$$

und
$$y = \frac{l}{\alpha} \cdot \sin^2 \alpha \quad . \quad . \quad . \quad . \quad . \quad . \quad . \quad . \quad . \quad 400.)$$

Die Richtung der Stange S wird offenbar normal sein, sobald sie eine Tangente zu der Kurve bildet, nach der Punkt D schwingt.

Bezeichnet man nun den Winkel, der von der Stange S mit der Horizontalen gebildet wird, mit β, so ist

$$\operatorname{tg}\beta = -\frac{f'(x)}{f'(y)} \quad 401.)$$

$$f'(x) = \frac{d\sin\alpha}{2\alpha} = \frac{1}{2}\,\frac{\cos\alpha\, d\alpha - \sin\alpha\, d\alpha}{2\alpha} \quad . \quad . \quad . \quad 402.)$$

$$f'(y) = \frac{d\sin^2\frac{\alpha}{2}}{2} = \frac{\alpha\sin\alpha\, d\alpha - 2\sin^2\alpha\, d\alpha}{2\alpha^2} \quad . \quad 403.)$$

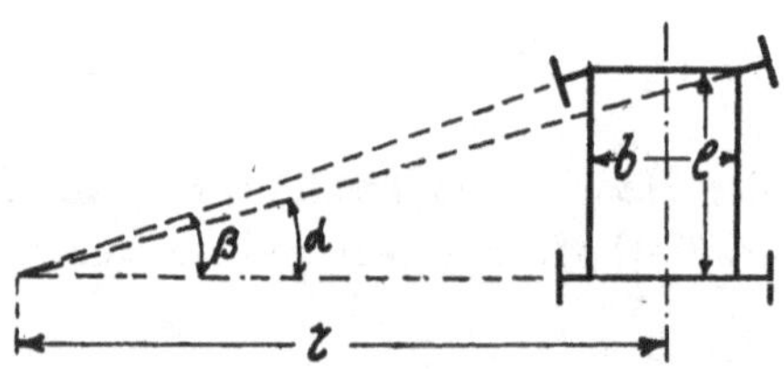

Abb. 70.

und
$$\operatorname{tg}\beta = -\frac{\sin\alpha - \alpha\cos\alpha}{\alpha\sin\alpha - 2\sin^2\frac{\alpha}{2}} \quad . \quad 404.)$$

bei $\alpha =$		
0^0	$\operatorname{tg}\beta = 0$	$\beta = 0$
10^0	0,133	$7^0\ 30'$
20^0	0,237	$13^0\ 20'$
30^0	0,370	$20^0\ 20'$

Ist $\overline{AB} = s$ und die Durchbiegung der Feder p, so wird

$$\operatorname{tg}\frac{\alpha}{2} = \frac{2p}{s} \quad . \quad . \quad . \quad 405.)$$

Um das Schleudern des Wagens in Kurven zu vermeiden, müssen sich die Achsen sämtlicher Räder in einem Punkte schneiden (Abb. 70).

$$\operatorname{tg}\alpha = \frac{l}{r + \frac{b}{2}} \quad . \quad . \quad 406.)$$

$$\operatorname{tg}\beta = \frac{l}{r - \frac{b}{2}} \qquad \ldots \; 407.)$$

worin l den Radstand, r den Krümmungshalbmesser und b die Wagenbreite bezeichnet.

Da r immer größer als b ist, so wird $\alpha < \beta$ und das Rad, welches an der Innenseite der Kurve liegt, wird sich auf einem größeren Winkel abrollen.

$$\operatorname{cotg}\alpha - \operatorname{cotg}\beta = \frac{b}{l} \qquad \ldots \; 408.)$$

Die Drehung des Wagens zerfällt in zwei Teile,

a) Drehung mit einer gleichzeitigen Wendung der Räder von der ursprünglichen Lage aus (diese Lage ist zur geradlinigen

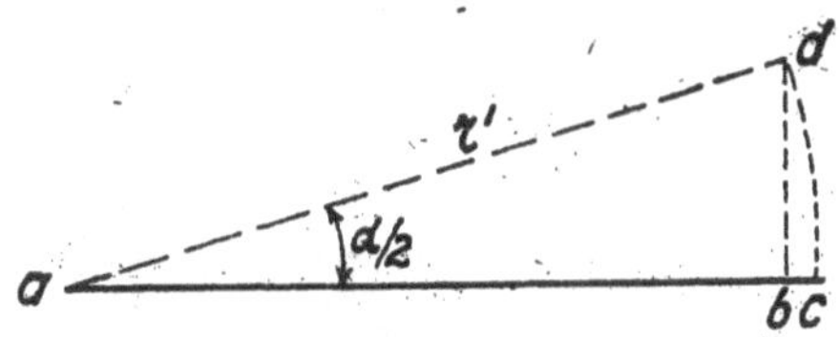

Abb. 71.

Bewegung des Wagens parallel), bis zum größten Drehwinkel, mithin eine Drehbewegung mit wechselndem Halbmesser, und

b) Wenden bei größtem Drehwinkel unter Beibehaltung eines beständigen Halbmessers.

Es ist

$$B = B_1 + B_2 \qquad \ldots \; 409.)$$

Um B_1 zu bestimmen, kann man annehmen, daß, wenn der größte Drehwinkel der Räder α ist, beim Wenden mit wechselndem Halbmesser ein mittlerer Drehwinkel $\frac{\alpha}{2}$ gesetzt werden kann (Abb. 71).

Es wird dann

$$B_1 = b\,c \qquad \ldots \; 410.)$$

$$B_1 = r' - r' \cos\frac{\alpha}{2} = r'\left(1 - \cos\frac{\alpha}{2}\right) \qquad \ldots \; 411.)$$

$$B_2 = 2\,r \qquad \ldots \; 412.)$$

$$B = 2\,r + r'\left(1 - \cos\frac{\alpha}{2}\right) \qquad \ldots \; 413.)$$

Aus Gleichung 406 und 407 ergibt sich dann

$$r = \frac{l}{\operatorname{tg}\frac{\alpha}{2}} + \frac{b}{2} \qquad \ldots 414.)$$

$$B_2 = 2\,r = \frac{2\,l}{\operatorname{tg}\alpha} + b \qquad \ldots 415.)$$

$$r' = \frac{b}{2} + \frac{l}{\operatorname{tg}\alpha} \qquad \ldots 416.)$$

$$B_1 = \left(\frac{b}{2}\right) + \left(\frac{l}{\operatorname{tg}\alpha}\right)\cdot\left(1 - \cos\frac{\alpha}{2}\right) \qquad \ldots 417.)$$

und für den ganzen Drehprozeß

$$B = b + \frac{2\,l}{\operatorname{tg}\alpha} + \left(\frac{b}{2} + \frac{l}{\operatorname{tg}\frac{\alpha}{2}}\right)\cdot\left(1 - \cos\frac{\alpha}{2}\right) \qquad \ldots 418.)$$

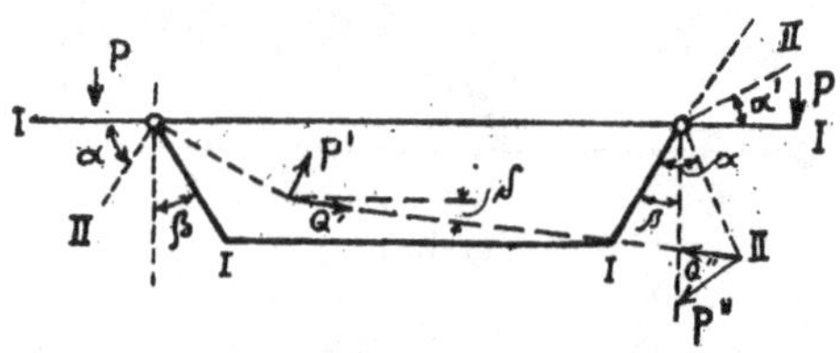

Abb. 72.

Aus der Gleichung 418 ist zu ersehen, daß B mit der Größe b ab- oder zunimmt.

Um eine stabile Lenkung zu erhalten, ist es notwendig, daß die Lenkung eine „selbstausgleichende“ ist, wie aus Abb. 72 zu ersehen ist. Wird der Druck auf das linke Rad größer als auf das rechte, so findet ein Schub der Räder aus der Lage I in die Lage II statt. Hierbei sind die die Lenkung beeinflussenden Kräfte

links $$P' = P \cdot \cos\alpha \qquad \ldots 419.)$$

$$Q' = \frac{P \cdot (\cos\alpha)}{\cos(\alpha + \beta + \delta)} \qquad \ldots 420.)$$

rechts $$P'' = P\cos\alpha' \qquad \ldots 421.)$$

$$Q'' = \frac{P\cos\alpha'}{\cos(\alpha - \beta + \delta)} \qquad \ldots 422.)$$

$Q' > Q''$, d. h., bei einer zufällig auftretenden Unebenheit der Fahrbahn werden die Räder nach rechts abwandern.

Werden die Vorderräder nach innen geneigt eingeschlagen (Abb. 73), so wird

$$P' = P \cos(\alpha + \gamma) \quad . \quad . \quad 423.)$$

$$P'' = P \cos(\alpha' - \gamma) \quad . \quad . \quad 424.)$$

$$Q' = \frac{P \cos(\alpha + \gamma)}{\cos(\alpha + \beta + \delta)} \quad . \quad . \quad . \quad 425.)$$

$$Q'' = \frac{P \cos(\alpha' - \gamma)}{\cos(\alpha' - \beta + \delta)} \quad . \quad . \quad . \quad 426.)$$

und demnach $Q' < Q''$. Es werden also die Räder, die aus ihrer ursprünglichen Lage geraten, wieder in diese zurückkehren, so daß die Wagenstabilität unbeeinflußt bleibt.

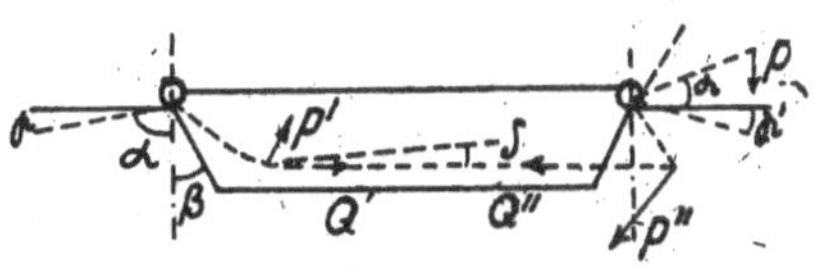

Abb. 73.

Damit sich die Räder in den Kurven ausgleichen, wird die Achse nach Abb. 74 verschoben.

Oben wurde auf die Notwendigkeit einer gemeinsamen Drehachse für alle Räder beim Lenken der Fahrzeuge aus der geraden Fahrt-

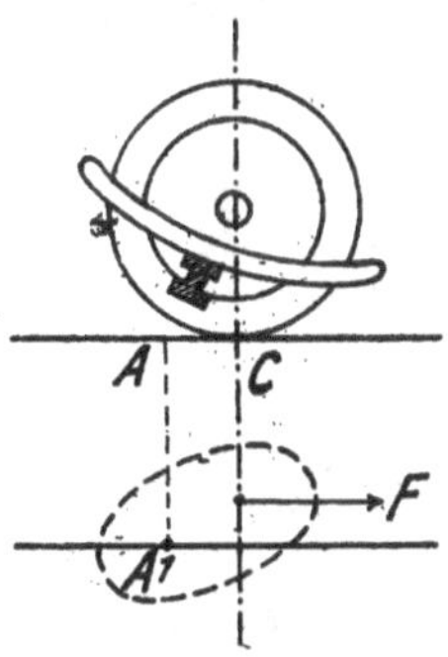

Abb. 74.

richtung hinaus, hingewiesen. Die Bedingungen für diese Voraussetzung sind so verwickelter Natur, das es unmöglich ist, sie zu erfüllen. Man begnügt sich praktisch mit einer annähernden Lösung dieser Aufgabe, indem man entweder das Schema nach Jantaud (Abb. 75) oder Bourlet (Abb. 76) anwendet. In dem Schema von Bourlet ist $\overline{AC} = \overline{BD} = \frac{1}{2}\,\overline{MN} = \frac{1}{2}\,\overline{HN} = \frac{1}{2}\,\overline{MF} = \frac{1}{2}\,HN$.

Die Hauptmaße der Lenkung werden durch die Größe des Winkels ω und die Länge des Trapezes (AC BD) bestimmt. Diese Abmessungen können aus den Abb. 75 und 76 graphisch bestimmt werden.

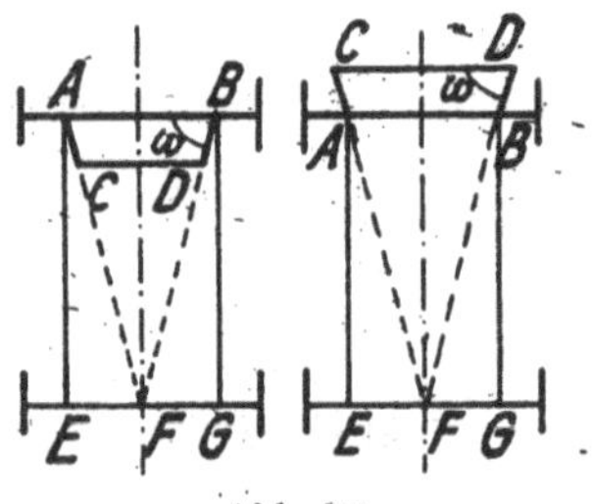

Abb. 75.

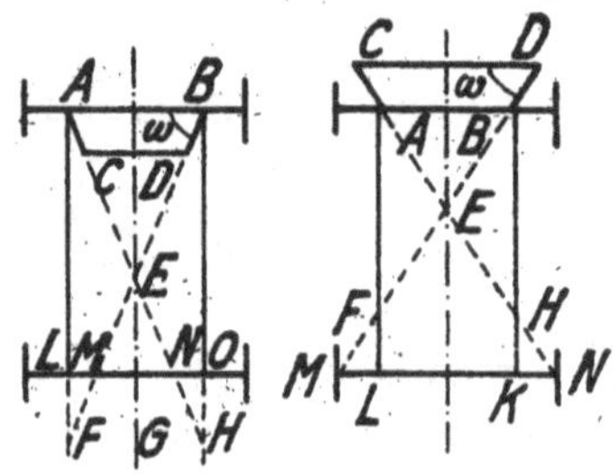

Abb. 76

Bei den beiden erwähnten Schemata werden sämtliche Achsen der Räder eine gemeinsame Drehachse haben, sobald die Drehwinkel kleiner als 20° sind. Bei größeren Drehwinkeln werden die erwähnten Bedingungen nicht erfüllt und der Wagen wird ins Schleudern kommen.

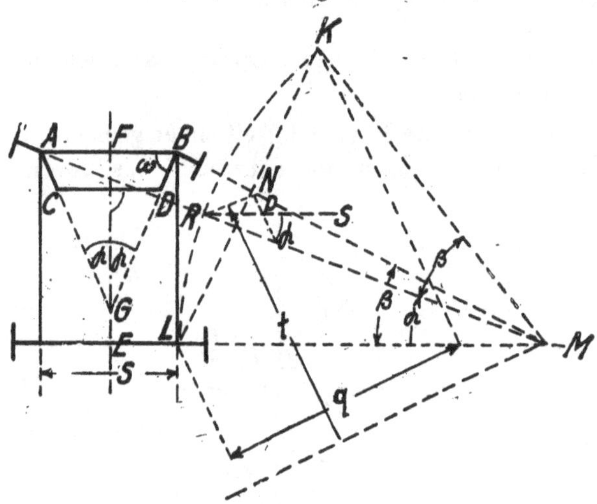

Abb. 77.

Wir müssen demnach die Lösung dieser Aufgabe mit anderen Mitteln durchführen. Es ist experimental nachgewiesen worden, daß bei einer Geschwindigkeit kleiner als 35 km/st die Reibung der Räder gering ist. Beim Entwerfen der Lenkung ist es notwendig den kleinsten Krümmungshalbmesser, welchen der Wagen bei einer Geschwindigkeit von v = 35 km/st durchfahren kann, zu bestimmen, vorausgesetzt, das Kurven mit kleineren Halbmessern bei v = < 35 km/st durchfahren werden können und bei Geschwindigkeiten größer als v = 35 km/st nur Kurven mit größeren Krümmungshalbmessern befahren werden.

Ein besonderes Verfahren, um für alle Räder eine gemeinsame Drehachse zu erhalten, rührt von Causant (Abb. 77) her. Nach dem vorstehend Gesagten wird der Krümmungshalbmesser auf der verlängerten Hinterradachse von E aus aufgetragen ($\overline{EM}$) und vom Punkte M aus mit dem Halbmesser $\overline{MR} = L$ (L = Länge der Lenkstange) ein Kreisbogen geschlagen. Die Punkte A und B werden mit dem Punkte M durch Gerade verbunden, so daß der $\sphericalangle \alpha$ und $\sphericalangle \beta$ gebildet wird. Auf die Gerade $\overline{AM}$ wird dann der $\sphericalangle \beta$ von M aus aufgetragen, so daß der Schenkel $\overline{MK}$ den Kreisbogen in K schneidet. Weiter wird der Punkt K mit dem Punkt L verbunden und von der Mitte dieser Verbindungslinie aus nach R eine Linie gezogen. Vom Mittel-

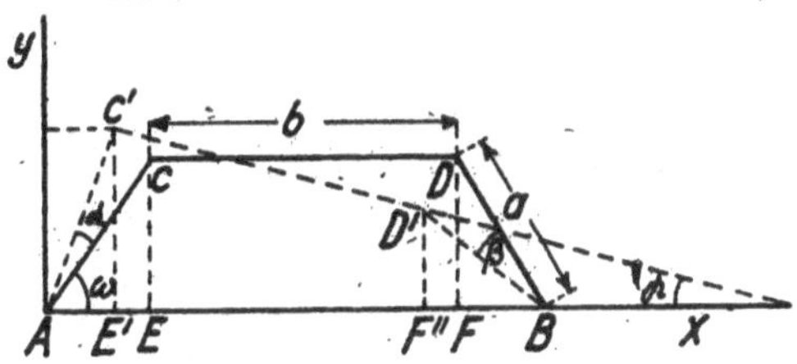

Abb 78.

punkt N der Linie KL wird dann eine Senkrechte gefällt und auf dieser die Größe

$$\overline{NP} = \tfrac{1}{2}(s - 2t) - \sqrt{(s - 2t)^2 - q^2} \quad . \quad . \quad . \quad 427.)$$

nach unten (wenn CD hinter der Vorderradachse liegt) oder nach oben (wenn $\overline{CD}$ vor der Vorderradachse liegt) aufgetragen.

Der $\sphericalangle \gamma$ wird durch die Verbindung des Punktes P mit R bestimmt. $\sphericalangle \gamma = PRM$. Da die Größe des $\sphericalangle \omega$ bekannt ist, bleibt nur noch die Bestimmung der Längen $\overline{AC}$ und $\overline{BD}$ übrig, was nach dem Verfahren von Massot ausgeführt werden kann (Abb. 78).

$$\omega = 90 - \gamma \quad . \quad . \quad . \quad . \quad . \quad . \quad . \quad 428.)$$

Nehmen wir an, daß $\overline{AC}$ und $\overline{BD}$ die Länge der Lenkschenkel und $\overline{AC'}$, BD' die Lage des Trapezes AC BD nach Drehung um den Halbmesser r sei, so ist

$$\overline{AB} = \overline{AE} + \overline{FB} + \overline{CD} = a \cdot \cos\omega + b + a \cdot \cos\omega = b + 2\cos\omega \quad 429.)$$

$$\overline{AB} = \overline{AF'} + \overline{E'F'} + \overline{F'B} \quad . \quad 430.)$$

Da

$$\overline{AE'} = a \cdot \cos(\omega + \alpha) \quad . \quad 431.)$$

$$\overline{F'B} = a \cdot \cos(\omega - \beta) \quad . \quad 432.)$$

$$\overline{E'F'} = \overline{C'D'} \cdot \cos\gamma = b \cdot \cos\gamma \quad . \quad 433.)$$

so folgt aus Gleichung 430—433

$$\overline{AB} = a \cdot \cos(\omega + \alpha) + b \cdot \cos\gamma - a \cdot \cos(\omega - \beta) \quad . \quad . \quad 434.)$$

und aus Gleichung 429

$$b = \overline{AB} - 2\,a \cdot \cos\omega \quad . \quad . \quad . \quad . \quad . \quad . \quad . \quad . \quad 435.)$$

$$b \cdot \cos\gamma = \overline{AB} - a \cdot \left[\cos(\omega + \alpha) + \cos(\omega - \beta)\right] \quad . \quad . \quad 436.)$$

$$b \cdot \sin\gamma = a \cdot \left[\sin(\omega + \alpha) - \sin(\omega - \beta)\right] \quad . \quad . \quad . \quad . \quad . \quad 437.)$$

oder aus Gleichung 436 und 437

$$b^2\left[\cos^2\gamma + \sin^2\gamma\right] = \overline{AB}^2 - 2\,\overline{AB} \cdot a \cdot \cos(\omega + \alpha) + 2\,\overline{AB} \cdot \cos(\omega - \beta) +$$
$$+ a^2\cos^2(\omega + \alpha) + a^2\cos^2(\omega - \beta) + 2\,a^2\cos^2(\omega + \alpha)\cos(\omega - \beta) + a^2\sin^2$$
$$(\omega + \alpha) + a^2\sin^2(\omega - \beta) - 2\,a^2\sin(\omega + \alpha) - a^2\sin(\omega - \beta) \quad . \quad . \quad . \quad 438.)$$

da ferner $\quad b^2 = \overline{AB}^2 + 4\,a^2\cos^2\alpha - 4\,\overline{AB} \cdot a \cdot \cos\omega \quad . \quad 439.)$

so folgt aus Gleichung 438 und 439

$$a = \overline{AC} = \overline{BD} = \overline{AB} \cdot \frac{\cos(\omega + \alpha) + \cos(\omega - \beta) - 2 \cdot \cos\omega}{\cos(\omega + \alpha - \beta) - \cos\omega} \quad 440.)$$

VIII. Dynamik des Motorwagens.

1. Ungleichförmigkeitsgrad des Motors.

Bezeichnet G das Schwungradgewicht und v die Umfangsgeschwindigkeit des Schwungrades, so wird der Ungleichförmigkeitsgrad

$$\delta = \frac{A g}{G v^2} \quad \text{. . . . . 441.)}$$

oder nach Güldner

$$\delta = \frac{x\,(0{,}75 + \varrho)\, 4 \cdot \pi \cdot g \cdot 716 \dfrac{N e}{\eta_m}}{G n v^2} \quad \text{. . 442.)}$$

Für Benzinmotoren wird $\varrho = 0{,}1$—$0{,}2$

1	Zylinder	$x = 0{,}10 - 0{,}20$
4	„	$x = 0{,}066$
6	„	$x = 0{,}0135$
8	„	$x = 0{,}0051$
12	„	$x = 0{,}0014$

2. Massenausgleich.

Nach Abb. 79 wird der Kolbenweg

$$x = \overline{BC} = \overline{BD} + \overline{DC} \quad \text{. . . . . 443.)}$$

$$\overline{BD} = \overline{OB} - \overline{OD} = r \cdot (1 - \cos\beta) \quad \text{. . . 444.)}$$

$$\overline{CD} = \overline{AC} - \overline{AD} \quad \text{. . . . . 445.)}$$

$$AD = \sqrt{\overline{AC}^2 - r^2 \sin^2\beta} = \sqrt{L^2 - r^2 \cdot \sin^2\beta} \quad \text{446.)}$$

$$CD = L - \sqrt{L^2 - r^2 \cdot \sin^2\beta} = 1 - \frac{r^2}{L^2} \cdot \sin^2\beta \quad \text{447.)}$$

und

$$x = \overline{BC} = r \cdot (1 - \cos\beta) \pm \tfrac{1}{2} \frac{r^2}{L^2} \cdot \sin^2\beta \pm \quad \text{. . . 448.)}$$

oder

$$x = r \cdot \{ \sin\beta - (K + A_2 \cos 2\beta + A_4 \cos^2\beta + A_6 \cos 6\beta + \ldots) \quad \text{449.)}$$

hierin ist

$$K = \frac{1}{4}\lambda + \frac{3}{64}\lambda^3 + \frac{5}{256}\lambda^5 + \frac{175}{(121)^2}\lambda^7 \quad \ldots \; 450.)$$

$$A_2 = \frac{1}{4}\lambda + \frac{1}{16}\lambda^3 + \frac{15}{512}\lambda^5 + \frac{35}{2048}\lambda^7 \quad . \; 451.)$$

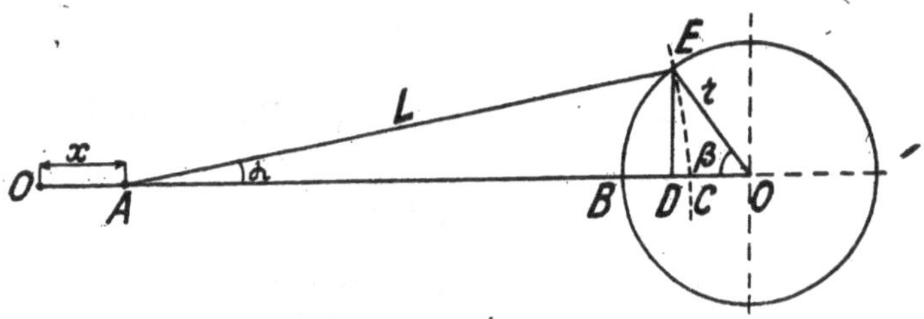

Abb. 79.

$$A_4 = \frac{1}{64}\lambda^3 + \frac{3}{256}\lambda^5 + \frac{35}{642}\lambda^7 \quad \ldots \; 452.)$$

$$A_6 = \frac{1}{512}\lambda^5 + \frac{25}{2048}\lambda^7$$

$$A_8 = \frac{5}{(128)^2}\lambda^7 \quad \ldots \; 453.)$$

Bei $\frac{L}{2}$ =	4	4,5	5
K =	0,0632	0,0561	0,0504
A_2 =	0,0635	0,0563	0,0505
A_4 =	0,000251	0,000177	0,00014
A_6 =	0,00000205	0,00000112	0,00000065

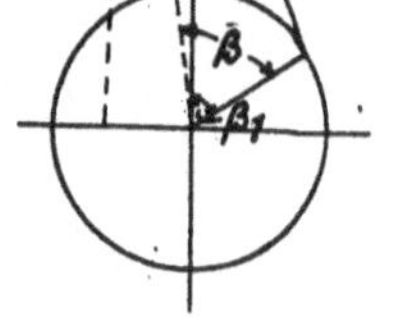

Abb. 80.

Für den desachsierten Motor (Abb. 80) wird

$$L^2 = a^2 + r^2 - 2\,a \cdot r \cdot \cos\beta \quad \ldots \; 454.)$$

$$\beta = \beta_1 + \beta_2 \quad \ldots \; 455.)$$

$$\cos\beta_2 = \frac{x}{a} \quad \ldots \; 456.)$$

$$\sin \beta_2 = \frac{b}{a} \quad \ldots \ldots \quad 457.)$$

$$L^2 = a^2 + r^2 - 2\,a \cdot r \cdot \left\{\frac{x}{a} \cos \beta_1 - \frac{b}{a} \sin \beta_1\right\} \quad 458.)$$

Da
$$a^2 = x^2 + l^2 \quad \ldots \ldots \quad 459.)$$
ist, so wird
$$x^2 - 2\,r \cdot \cos \beta - x - (L^2 + b^2 + r^2 + 2\,b \cdot r \cdot \sin \beta_1) = 0 \quad 460.)$$
und
$$x = r \cdot \cos \beta_1 \pm \sqrt{r^2 \cos^2 \beta_1 + L^2 - b^2 - r^2 - 2 r \cdot b \cdot \sin \beta_1} =$$
$$= r \cdot \cos \beta_1 \pm \sqrt{L^2 - b^2 - r^2 \cos^2 \beta - 2\,b \cdot r \sqrt{1 - \cos^2 \beta_1}} \quad 461.)$$

Wird angenommen, daß

$$(1 - \cos^2 \beta_1)^{\frac{1}{2}} = 1 - \frac{\cos^2 \beta_1}{2} + \frac{\cos^4 \beta_1}{4} - \frac{\cos^6 \beta_1}{6} + \ldots \quad 462.)$$

so folgt aus Gleichung 461

$$x = r \cdot \cos \beta_1 + \sqrt{(L^2 - b^2 - 2 \cdot b \cdot r \cdot - r^2) + (r^2 + br \cdot) \cdot \cos^2 \beta_1 + \frac{b \cdot r \cdot}{4} \cdot \cos^4 \beta_1 +} \quad 463.)$$

Da
$$A = L^2 - b^2 - 2\,b \cdot r - r^2 \quad \ldots \quad 464.)$$
und
$$B = r \cdot (b + r) \quad \ldots \quad 465.)$$
ist
$$x = r \cdot \cos \beta_1 + A^{\frac{1}{2}} + \frac{A^{\frac{5}{2}}}{2\,B^2} \cos^2 \beta_1 + \frac{A^{\frac{9}{2}}}{2\,B^4} \cdot \cos^4 \beta_1 + \ldots \quad 466.)$$

Die Kolbengeschwindigkeit wird

$$c = \frac{d\,x}{d\,t} = (\sin \beta + \tfrac{1}{2} \lambda \sin 2\,\beta)\, r\, \omega \quad \ldots \quad 467.)$$

$$\omega = \frac{2\,\pi \cdot r \cdot n}{60} \quad \ldots \quad 468.)$$

$$\frac{r}{L} = \lambda \quad \ldots \ldots \quad 469.)$$

Die Kolbenbeschleunigung wird

$$\gamma = \frac{d\,c}{d\,t} = -\,r\,\omega^2 (\cos \beta - \lambda \cos 2\,\beta) \quad \ldots \quad 470.)$$

Der Massendruck wird

$$\varphi = M\,\gamma = M\,(\cos \beta + \lambda \cos^2 \beta)\, r\, \omega^2 \quad 471.)$$
oder
$$\varphi = \varphi_1 + \varphi_2 \quad \ldots \ldots \quad 472.)$$
worin
$$\varphi_1 = M \cdot r \cdot \omega^2 \cdot \cos \beta \quad \ldots \quad 473.)$$
und
$$\varphi_2 = M \cdot \frac{r^2\,\omega^2}{L} \cdot \cos 2\,\beta \quad \ldots \quad 474.)$$

Allgemein wird

$$\varphi = M \cdot \omega^2 \cdot r \cdot (\cos\beta + B_2 \cos 2\beta + B_4 \cos 4\beta + \ldots) \quad . \; 475.)$$

und für den desachsierten Motor (aus 466)

$$\varphi = M \cdot \omega^2 \cdot r \cdot (\cos\beta + B_2 \cos^2\beta + B_4 \cos 4\beta + \ldots\ldots) +$$
$$+ (\sin\beta + C_3 \sin^3\beta + C_5 \sin 5\beta + \ldots\ldots) \quad . \; 476.)$$

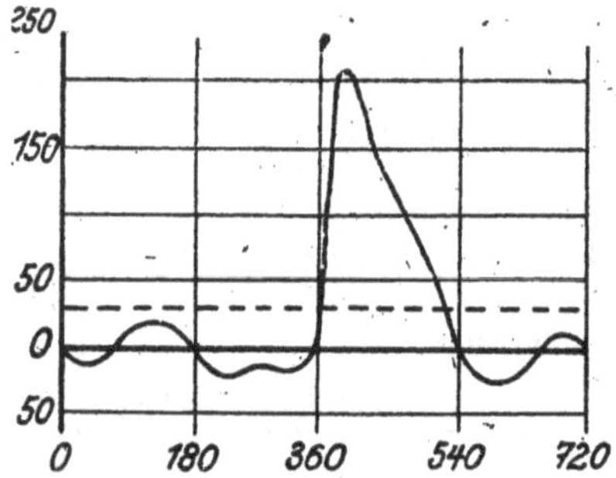

Abb. 81

Werden diese Kräfte in Horizontal- und Vertikalkomponenten zerlegt und ist die Zylinderentfernung a_1, a_2, a_3, ..., so wird

Vertikalachse	Kraft I.	Ranges	$\varphi_1 \cdot \cos\beta$	. 477.)
	„ II.	„	$\varphi_2 \cdot \cos 2\beta$	. 478.)
	Moment I.	„	$a\,\varphi_1 \cos\beta$	. 479.)
	„ II.	„	$a\,\varphi_2 \cos 2\beta$	. 480.)
Horizontalachse	Kraft I.	„	$\varphi_1 \sin\beta$	. 481.)
	„ II.	„	$\varphi_2 \sin 2\beta$	. 482.)
	Moment I.	„	$a\,\varphi_1 \sin\beta$	. 483.)
	„ II.	„	$a\,\varphi_2 \sin 2\beta$	. 484.)

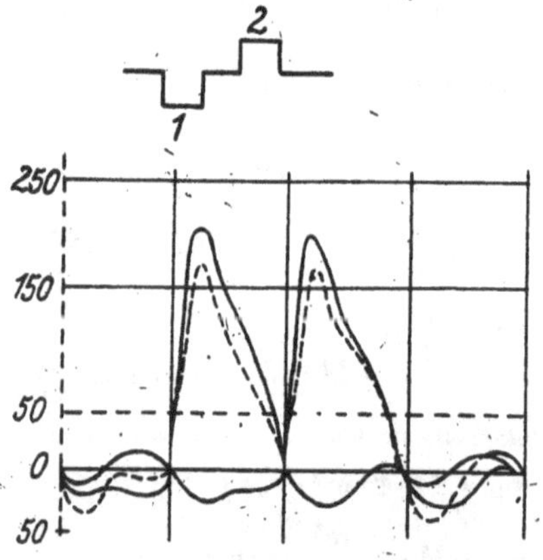

Abb. 82.

Ist m die Anzahl der Zylinder eines Motors mit den Massen der sich bewegenden Teile $M_1, \ldots M_m$, so wird die Bedingung für den Massenausgleich

$$\varphi_1^{(1)} \cdot \cos\beta_1 + \varphi_1^{(2)} \cdot \cos\beta_2 + \ldots + \varphi_1^{(m)} \cdot \cos\beta_m = 0 \quad . . \; 485.)$$

$$\varphi_2^{(1)} \cdot \cos 2\beta_1 + \varphi_2^{(2)} \cdot \cos 2\beta_2 + \ldots + \varphi_2^{m} \cdot \cos 2\beta_m = 0 \quad . . \; 486.)$$

$$a_1 \cdot \varphi_1^{(1)} \cos\beta_1 + a_2 \cdot \varphi_1^{(2)} \cdot \cos\beta_2 + \ldots + a_m \varphi_1^{(m)} \cdot \cos\beta_m = 0 \quad . . \; 487.)$$

$$a_1 \varphi_2^{(1)} \cdot \cos 2\beta_1 + a_2 \varphi_2^{(2)} \cos 2\beta_3 + \ldots + a_m \varphi_2^{(m)} \cdot \cos 2\beta_m = 0 \quad . . \; 488.)$$

$$\varphi_1^{(1)} \sin\beta_1 + \ldots + \varphi_1^{(m)} \cdot \sin\beta_m = 0 \quad . . \; 489.)$$

$$\varphi_2^{(1)} \sin 2\beta_1 + \ldots + \varphi_2^{(m)} \sin 2\beta_m = 0 \quad . . \; 490.)$$

$$a_1 \cdot \varphi_1^{(1)} \cdot \sin\beta_1 + \ldots + a_m \varphi_1^{(m)} \cdot \sin\beta_m = 0 \quad . . \; 491.)$$

$$a_1 \varphi_2^{(1)} \sin 2\beta_1 + \ldots + a_m \cdot \varphi_2^{(m)} \sin 2\beta_m = 0 \quad . . \; 492.)$$

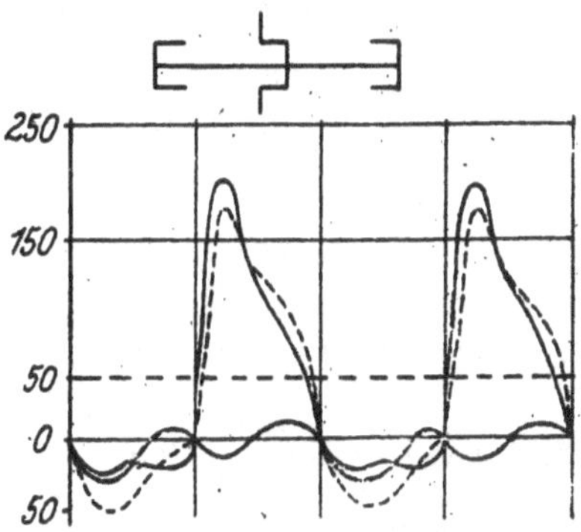

Abb. 83.

Die Abb. 81—87 zeigen die Massendruckdiagramme von Motoren mit 2—6 Zylindern und Abb. 88 ein Massendruckdiagram I., II. und IV. Ordnung.

Tritt der Fall ein, daß bei der V-förmigen Anordnung der Zylinder die unausgeglichenen Massendrucke eine resultierende Kraft ergeben,

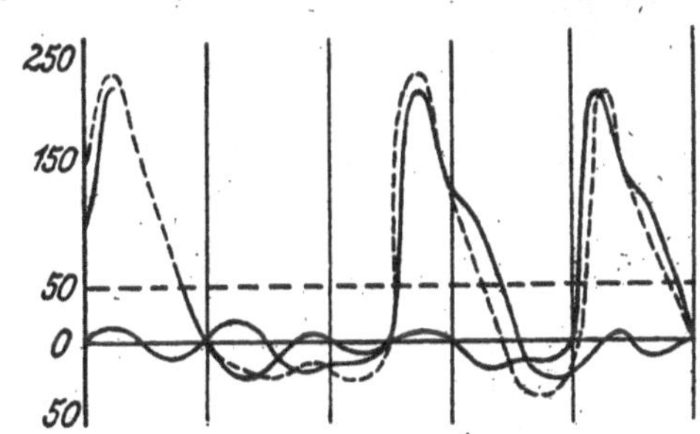

Abb. 84.

die den Motor an das Untergestell zu beiden Seiten abwechselnd andrückt, so wird beispielsweise für einen Achtzylinder-Motor

$$\varphi_2 = M \frac{\omega^2 r^2}{L^2} (\cos 2\beta_1 + \cos 2\beta_2 + \cos 2\beta_3 + \cos 2\beta_4) \quad 493.)$$

da der Winkel zwischen den beiden Zylinderreihen $= 90^0$ ist.

$$\varphi_2^x = \varphi_2 \cdot \cos 45 = 8\, M \cdot \frac{\omega^2 r^2}{L} \cdot \cos 45 \cdot \cos 2\beta_1 \quad . \; . \; 494.)$$

$$\varphi_2^y = \varphi_2 \cos 45 = 0 \quad . \; . \; . \; . \; . \; . \; . \; 495.)$$

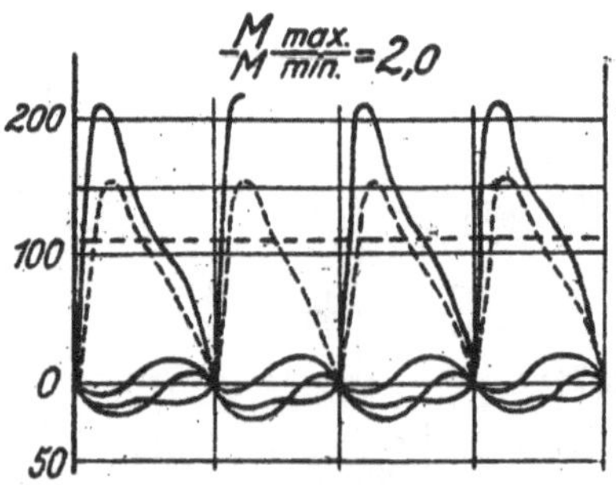

Abb. 85.

Die Größe der Seitendrücke die durch die Massenkräfte bestimmt werden, ist

$$N_2 = \varphi\, \mathrm{tg}\, \alpha = M \cdot r \cdot \omega^2 \cdot (\cos\beta + \lambda \cos 2\beta)\, \mathrm{tg}\, \alpha \quad 496.)$$

$$\mathrm{tg}\, \alpha = \frac{\sin\alpha}{\cos\alpha} \quad . \; . \; . \; . \; . \; 497.)$$

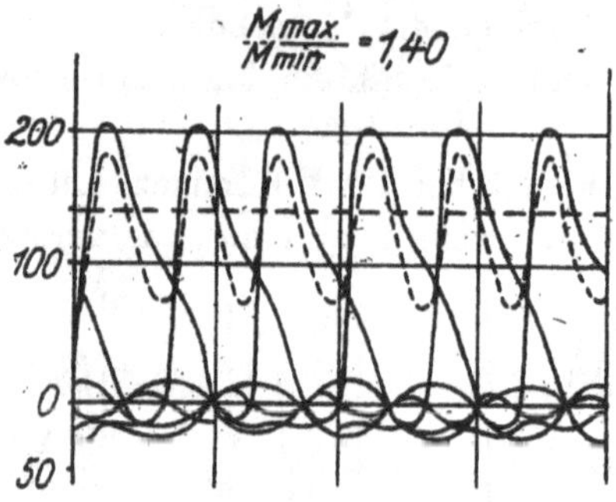

Abb. 86.

$$\sin\alpha = \frac{r}{L} \cdot \sin\beta \quad . \; . \; . \; . \; . \; . \; . \; . \; . \; . \; . \; 498.)$$

$$\cos\alpha = \sqrt{1 - \lambda^2 \sin^2\beta} \quad . \; 499.)$$

$$\operatorname{tg} \alpha = \frac{\lambda \cdot \sin \beta}{\sqrt{1 - \lambda^2 \sin^2 \beta}} \quad . \ 500.)$$

$$N_2 = M \cdot \omega^2 \cdot r \cdot (\cos \beta + \lambda \cdot \cos 2\beta) \frac{2 \lambda \sin \beta}{2 - \lambda^2 \sin^2 \beta} \quad 501.)$$

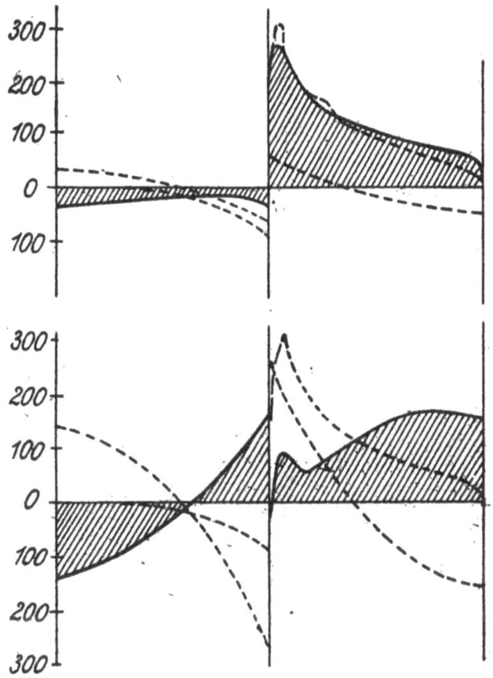

Abb. 87.

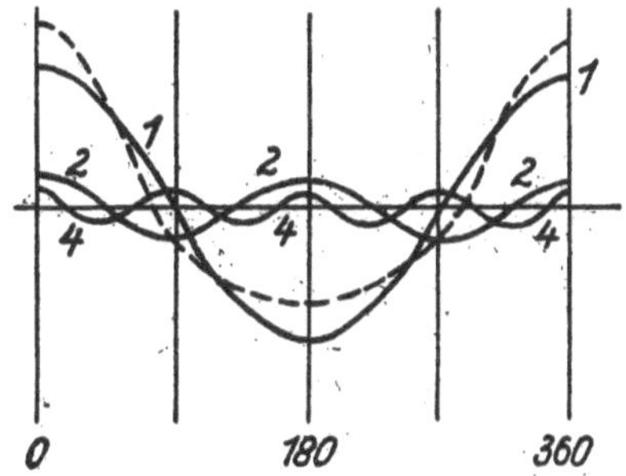

Abb. 88.

3. Stabilität der Motorwagen auf geraden Strecken.

Bezeichnet man die Winkelgeschwindigkeiten des Ausgleichsgetriebes und der beiden Treibräder (Abb. 89—90) mit ω_1, ω_2, ω_3, so wird auf gerader Strecke

$$\omega_1 = \omega_2 = \omega_3 \quad \text{. . . . . 502.)}$$

und in Kurven

$$2\,\omega_1 = \omega_2 + \omega_3 \quad \text{. . . . 503.)}$$

bei Stillstand eines Rades wird

$$\omega_2 = 2\,\omega_1 \quad \text{. . 504.)}$$

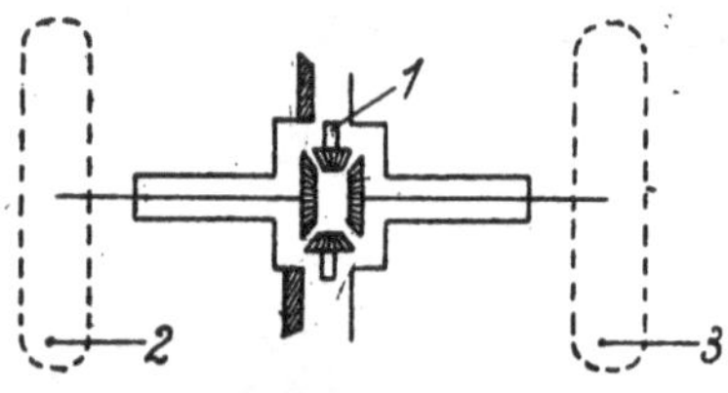

Abb. 89.

Bezeichnet Q die Radbelastung, m die Wagenmasse, S die Adhäsionskraft, W den Bewegungswiderstand, A den Horizontaldruck

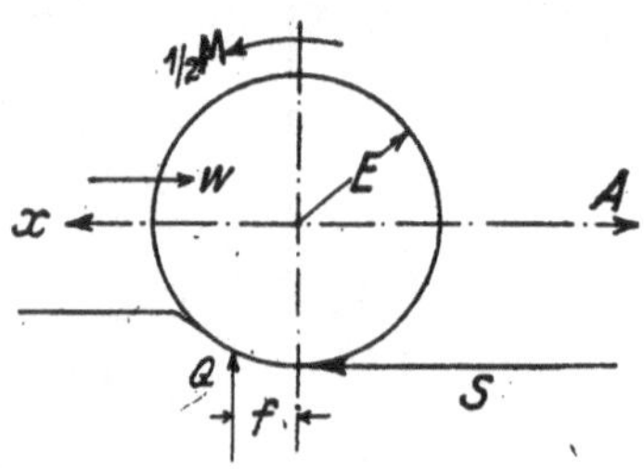

Abb. 90.

im Radlager und M das Drehmoment des Motors, so wird nach D. Alamber

$$A - W - m \cdot \frac{d^2 t}{d t^2} = 0 \quad \text{. 505.)}$$

$$A = W + \frac{m\,d^2 t}{d t^2} \quad \text{. 506.)}$$

$$\tfrac{1}{2} M - Qf - S \cdot r - J\,\varphi'' = 0 \quad \text{. 507.)}$$

$$\varphi'' = \frac{d W}{d t} \quad \text{. 508.)}$$

Da der Lagerdruck nicht größer als die Adhäsionskraft sein kann, so wird

$$W + m x'' = S \quad . \quad 509.)$$

oder nach Gleichung 408

$$A \cdot r = \tfrac{1}{2} M - Q f - J \varphi'' \quad . \quad 510.)$$

Daher wird für

das rechte Rad $A_2 = \frac{1}{r_2}\left(\frac{M}{2} - Q_2 f_2\right) - \frac{J_2 \varphi''}{r_2}$ . . 511.)

„ linke „ $A_3 = \frac{1}{r_3}\left(\frac{M}{3} - Q_3 f_3\right) - \frac{J_3 \varphi''}{r_3}$ . . 512.)

So lange $A_2 = A_3$, wird die Bewegung des Wagens normal sein. Wird $r_2 \neq r_3$ (bei geplatztem Reifen),
$f_2 \neq f_3$ (ein Rad läuft auf sandigem Grund),
$Q_2 \neq Q_3$ (ungleiche Lastverteilung),
so wird $A_2 \neq A_3$ und die Lagerdrücke in beiden Rädern sind ungleich, so daß der Wagen ins Schleudern kommt. Ein Schleudern kann auch dann eintreten, falls ein Rad nicht am Boden läuft.

4. Die Stabilität der Motorwagen in der Kurve.

Nach Abb. 91 wird die Zentrifugalkraft bei der Wagengeschwindigkeit V und Krümmungshalbmesser r

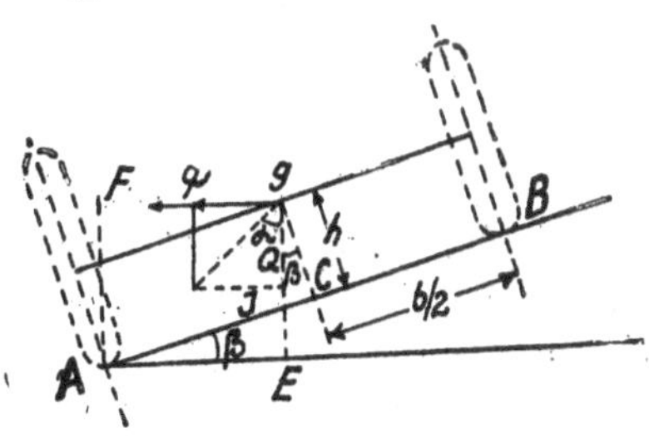

Abb. 91.

$$\psi = \frac{Q V^2}{g \cdot r} \quad . \quad 513.)$$

$$\operatorname{tg} \alpha = \frac{\psi}{Q} = \frac{\overline{AE}}{\overline{GE}} \quad . \quad 514.)$$

$$\overline{AE} = \overline{AJ} \cos \beta \quad . \quad 515.)$$

$$\overline{AJ} = \frac{b}{2} \cdot \overline{CJ} \quad \ldots \quad 516.)$$

$$\overline{CJ} = \frac{b}{2} h \operatorname{tg} \beta \quad \ldots \quad 517.)$$

daher

$$\overline{AE} = \left(\frac{b}{2} - h \cdot \operatorname{tg} \beta\right) \cos \beta = \frac{b}{2} \cos \beta - h \cdot \sin \beta \quad 518.)$$

$$\overline{GE} = \overline{GJ} + \overline{JE} \quad \ldots \quad 519.)$$

$$\overline{GJ} = \frac{h}{\cos \beta} \quad \ldots \quad 520.)$$

$$\overline{JE} = \overline{AE} \operatorname{tg} \beta = \left(\frac{b}{2} \cos \beta - h \cdot \sin \beta\right) \cdot \operatorname{tg} \beta \quad 521.)$$

Aus Gleichung 514, 518—521 folgt

$$\operatorname{tg} \alpha = \frac{\frac{1}{2} b - \frac{1}{2} h \cdot \sin 2 \beta}{h - \frac{1}{2} b \cdot \frac{1}{2} \sin 2 \beta} \quad \ldots \quad 522.)$$

Der Wagen wird solange nicht umkippen, solange die Resultierende aus dem Wagengewicht und der Zentrifugalkraft zwischen die beiden Räder fällt, d. h. solange

$$\operatorname{tg} \alpha < \frac{\frac{1}{2} - \frac{h}{2} \sin 2 \beta}{h - \frac{1}{4} b \cdot \sin 2 \beta} \quad \ldots \quad 523.)$$

Hat die Straßendecke keine Neigung, so ist $\beta = 0$ und

$$\operatorname{tg} \alpha < \frac{b}{2 h} \quad \ldots \quad 524.)$$

Der Wagen kann außer dem Umstürzen in ein Schleudern geraten, wenn die Summe der Projektionen der das Schleudern hervorrufenden Kräfte auf $\overline{AB}$ größer ist, als die Reibungskräfte.

Die Kräfte, die das Umstürzen hervorrufen, sind

$$Q \sin \beta + \varphi \cdot \cos \beta \quad \ldots \quad 525.)$$

Die Reibungskräfte sind

$$(Q \cdot \cos \beta - \varphi \sin \beta) \cdot f \quad \ldots \quad 526.)$$

Die Bedingung für das Schleudern wird demnach

$$\varphi \sin \beta + \varphi \cos \beta > f \cdot (Q \cdot \cos \beta - \varphi \cdot \sin \beta) \quad 527.)$$

oder

$$\frac{\varphi}{Q} > \frac{f - \operatorname{tg} \beta}{1 + f \cdot \operatorname{tg} \beta} \quad \ldots \quad 528.)$$

Da $\frac{\varphi}{Q} = \operatorname{tg} \alpha$

so ist die Bedingung für das Schleudern

$$\operatorname{tg} \alpha < \frac{f - \operatorname{tg} \beta}{1 + f \cdot \operatorname{tg} \beta} \quad \ldots \quad 529.)$$

Wird der Neigungswinkel $\beta = 0$, so ist

$$\operatorname{tg} \alpha < f \qquad 530.)$$

Bezeichnet man mit α_3 denjenigen Winkel, bei dem das Schleudern eintritt und α_0 denjenigen Winkel, bei dem das Umstürzen des Wagens eintritt, so wird, da

$$\operatorname{tg} \alpha = \frac{v^2}{2 g} \qquad 531.)$$

die Größe der kritischen Wagengeschwindigkeit für das Schleudern

$$V_3 = \sqrt{g\, r_3 \operatorname{tg} \alpha_3} \qquad 532.)$$

und für das Umstürzen des Wagens

$$V_0 = \sqrt{g\, r_0 \cdot \operatorname{tg} \alpha_0} \qquad 533.)$$

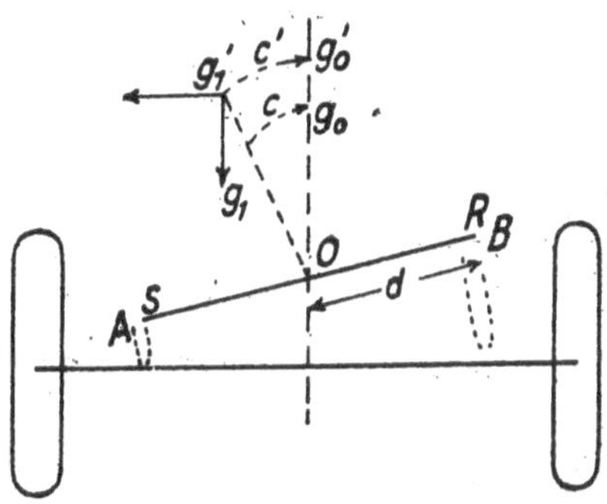

Abb 92.

Das Verhältnis

$$\gamma = \frac{V_3}{V_0}$$

kann der Stabilitätskoeffizient des Motorwagens genannt werden, dessen Größe immer kleiner als 1 sein muß. Nach Vorstehendem ist

$$\gamma = F\left(b, \frac{1}{h}, \frac{1}{f}\right) \qquad 534.)$$

Eine Vergrößerung von γ wird eintreten bei

a) Vergrößerung der Wagenbreite b,
b) Tieferlegung des Schwerpunktes h,
c) Verminderung des Reibungskoeffizienten f.

In den Stabilitätsgleichungen 522—533 ist die Wirkung der Federn außeracht gelassen. Diese Federwirkung hat aber auf die Stabilität eines Wagens einen großen Einfluß. Wird das Gewicht der abgefederten Teile des Wagens mit Q' und der nicht abgefederten Teile mit Q'' bezeichnet, so ist nach Abb. 92

$$Q = Q' + Q'' \qquad 535.)$$

Unter der Federwirkung wird der Schwerpunkt der abgefederten Teile der Lage aus G'_0 in die Lage G'_1 und der Schwerpunkt der gesamten Massen des Wagens aus der Lage G_0 in die Lage G_1 übergehen.

Dann wird anstatt Gleichung 524

$$h < \frac{\frac{1}{2} b - c}{f} \quad \ldots \quad 536.)$$

da

$$\frac{c}{c_1} = \frac{Q'}{Q} \quad \ldots \quad 537.)$$

und

$$c = c' \frac{Q'}{Q} \quad \ldots \quad 538.)$$

$$h < \frac{\frac{1}{2} b - c' \frac{Q'}{Q}}{f} \quad \ldots \quad 539.)$$

Ist die Federbelastung S und R, so ist

$$Q' = S + R \quad \ldots \quad 540.)$$

$$\varphi' K + Q' C = (S - R) d \quad \ldots \quad 541.)$$

$$K = Q G'_0$$

$$d = O B$$

und

$$\frac{\varphi'}{Q'} K + C' = \frac{S - R}{Q'} \cdot d = 0 \quad \ldots \quad 542.)$$

Nehmen wir an, daß die Feder A vollständig belastet und B entlastet ist, dann wird

$$\frac{S - R}{Q} = \frac{e'}{a} = \frac{c' \cdot d}{K a} \quad \ldots \quad 543.)$$

$$\frac{e'}{c'} = \frac{d}{K} \quad \ldots \quad 544.)$$

Für den Grenzfall wird

$$f = \frac{\varphi'}{Q'} \quad \ldots \quad 545.)$$

$$f \cdot K + C' - \frac{C' d}{K \cdot a} \cdot d = O \quad \ldots \quad 546.)$$

$$c' = f \cdot \frac{K^2 a}{d^2 - a K} \quad \ldots \quad 547.)$$

und

$$h < \frac{b}{2 f} - \frac{Q'}{Q} \left(\frac{a \cdot K^2}{d^2 - a \cdot K} \right) \quad \ldots \quad 548.)$$

Aus der vorstehenden Gleichung ist zu ersehen, daß die Federwirkung die zulässige Höhe des Schwerpunktes vermindert.

Wird der Neigungswinkel der Straßendecke β, so kann man annehmen, daß

$$h < \frac{b}{2f} - x \cdot \frac{Q'}{Q} \cdot \left(\frac{a \cdot K^2}{d^2 - a K}\right) \quad \ldots \quad 549.)$$

worin $x = 1{,}4 - 1{,}75$.

5. Schwingungen des Motorwagens.

Liegt die Wagengeschwindigkeit v_x (Abb. 93) in der Richtung der X-Achse und wird angenommen, daß der Rahmen gleichmäßig und parallel schwingt, so werden die Schwingungen der abgefederten Teile nach einer Sinuslinie schwingen deren Gleichung

$$Z = a \cdot \sin \lambda \cdot x \quad \ldots \ldots \quad 550.)$$

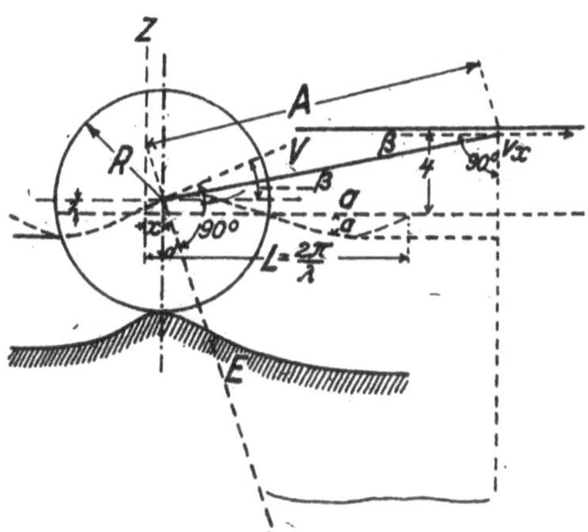

Abb. 93.

ist. Die momentane Geschwindigkeit des Radmittelpunktes wird:

$$v = \frac{r}{r_x} v_x \quad \ldots \quad 551.)$$

da

$$\frac{r}{r_x} = \frac{\cos \beta}{\cos(\alpha - \beta)} = \frac{\sqrt{1 + tg^2 \alpha}}{1 + tg \alpha \cdot tg \beta} \quad \ldots \ldots \quad 552.)$$

ist

$$v = v_x \cdot \frac{\sqrt{1 + tg^2 \alpha}}{1 + tg \alpha \cdot tg \beta} \quad \ldots \quad 553.)$$

$$tg \alpha = \frac{dz}{dx} = a \lambda \cos x \quad \ldots \quad 554.)$$

und (da β klein ist) $tg \beta = \sin \beta = \frac{H - z}{A}$ $\quad \ldots \ldots \quad 555.)$

Die Winkelgeschwindigkeit ist

$$\omega = \frac{v}{R} = \frac{v_x}{R} \cdot \frac{\sqrt{1 + a^2 \lambda^2 \cos^2 \lambda x}}{1 + \frac{H - z}{A} \cdot a \cdot \lambda \cos \lambda x} \quad . \; . \; 556.)$$

Die Winkelbeschleunigung ist

$$\frac{d\omega}{dt} = \frac{d\omega}{dt} \cdot \frac{dx}{dt} \quad . \; . \; . \; . \; . \; . \; . \; . \; . \; . \; 557.)$$

Da das Rad durch die Schubstange geführt wird, so wird dessen Geschwindigkeit auf die Größe $\frac{dx}{dt}$ von v_x abweichen (Abb. 94) und es wird daher

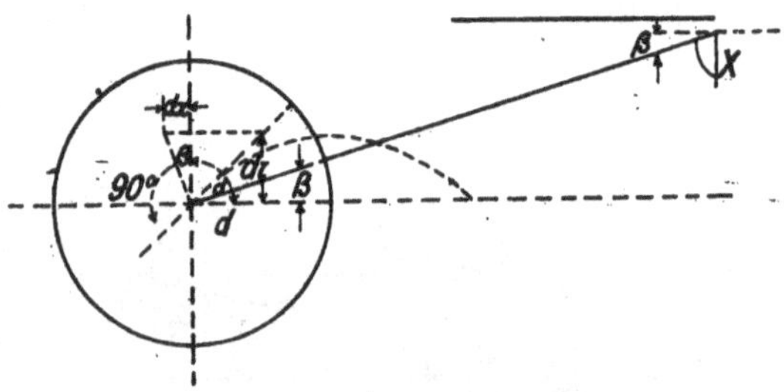

Abb. 94.

$$dz = dx \cdot tg\, \alpha = - v_x\, dt \cdot tg\, \alpha \quad . \; . \; . \; . \; . \; 558.)$$

$$dx = dz \cdot tg\, \beta = - v_x\, dt \cdot tg\, \alpha \cdot tg\, \beta \quad . \; . \; . \; 559.)$$

$$\frac{dx_1}{dt} = - v_x\, a\, \lambda \cos \lambda \cdot x \cdot \frac{H - z}{A} \quad . \; . \; . \; . \; . \; 560.)$$

$$\frac{dx}{dt} = v_x + \frac{dx_1}{dt} = v_x \left(1 - a \cdot \lambda \cdot \cos \lambda \cdot x \cdot \frac{H - z}{A}\right) \quad 561.)$$

daher

$$\frac{d\omega}{dt} = \frac{v_x^2}{R} \cdot \left(1 - a \cdot \lambda \cdot \cos \lambda \cdot x \cdot \frac{H - z}{A}\right) \frac{d}{dx}\left(\frac{\sqrt{1 - a^2 \lambda^2 \cos^2 \lambda x}}{1 + \frac{H - z}{A} \cdot a \cdot \lambda \cdot \cos \lambda \cdot x}\right) \quad 562.)$$

Da die Vertikalgeschwindigkeit

$$\frac{dz}{dt} = a \lambda \cdot \cos \lambda x \cdot v_x \cdot \left(1 - a \cdot \lambda \cdot \cos \lambda \cdot x \cdot \frac{H - z}{A}\right) \quad 563.)$$

ist, so wird die Beschleunigung

$$\frac{d^2 \cdot z}{dt^2} = v_x \frac{d}{dx}\left[a \cdot \lambda \cdot \cos \lambda \cdot x \cdot \left(1 - a \cdot \lambda \cdot \cos \lambda \cdot x \cdot \frac{H - z}{A}\right)\right]$$

$$\cdot v_x \cdot \left(1 - a \cdot \lambda \cdot \cos \lambda \cdot x \cdot \frac{H - z}{A}\right) \quad 564.)$$

Um die Aufgabe einfacher zu gestalten, nehmen wir an, daß der Halbmesser der Wegunebenheit $\varrho > R$ ist, dann wird die kleinste Größe dieses Halbmessers

$$x = \frac{\pi}{2\lambda} \qquad 565.)$$

als am kleinsten ausfallen. Da

$$\lambda = \frac{2\pi}{L} \qquad 566.)$$

$$\varsigma = \frac{1}{a\lambda^2} \qquad 567.)$$

$$a \cdot \lambda < \frac{1}{\lambda \cdot R} \qquad 568.)$$

$$a \cdot \lambda < \frac{1}{2 \cdot \pi \cdot R} \qquad 569.)$$

Nimmt man weiter an, daß die Unebenheiten der Straßendecke klein sind, so ist

$$a\lambda < 1$$
$$1 + \operatorname{tg}\alpha \cdot \operatorname{tg}\beta \cong 1 \qquad 570.)$$

und die Winkelgeschwindigkeit

$$\omega = \frac{v_x}{R} \cdot \sqrt{1 - a^2 \lambda^2 \cos^2 \lambda x} \qquad 571.)$$

die Winkelbeschleunigung

$$\frac{d\omega}{dt} = -\frac{v_x^2}{R} \cdot \frac{a^2 \lambda^3 \sin 2\lambda \cdot x}{2\sqrt{1 + a^2 \lambda^2 \cos^2 \cdot \lambda x}} \qquad 572.)$$

die Vertikalgeschwindigkeit

$$\frac{dz}{dt} = v_x^2\, a\, \lambda \cos \lambda x, \qquad 573.)$$

und die Vertikalbeschleunigung

$$\frac{d^2 z}{dt^2} = -v_x^2\, a\, \lambda^2 \cdot \sin \lambda x \qquad 574.)$$

Die Radbeschleunigung ruft an der Kurbelwelle des Motors ein Moment hervor, u. z.:

$$M_1 = J \cdot m \cdot \frac{d\omega}{dt} \qquad 575.)$$

J bedeutet das Trägheitsmoment des Schwungrades und m das Übersetzungsverhältnis zwischen Motor und den Treibrädern.

Die Bewegung des Motorwagens wird von Vertikalschwingungen, des Rahmens von Bremsreibungen (Federblattreibung usw.) begleitet.

Ist die Gravitationskraft, mit welcher zwei Körper gegeneinander

$$k_1\, x \quad \ldots\ldots\ldots\ldots \quad 576.)$$

gepreßt werden und die Reibungsarbeit

$$k_2 \frac{d\,x}{d\,t} \quad \ldots\ldots\ldots\ldots \quad 577.)$$

so wird die Schwingungsgleichung (die Reibungskräfte werden proportional der Geschwindigkeit angenommen)

$$k_1\, x + k_2 \frac{d\,x}{d\,t} + m \frac{d^2\,x}{d\,t^2} = 0 \quad \ldots\ldots \quad 578.)$$

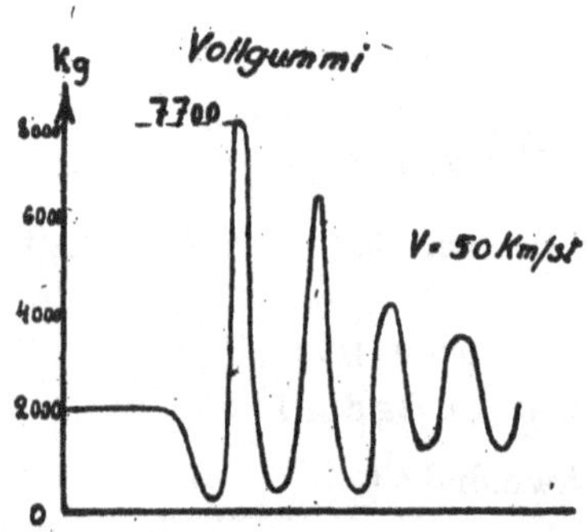

Abb. 95.

Nimmt man an, daß

$$\frac{k_1}{m} = n^2_1 \quad \ldots\ldots \quad 579.)$$

und

$$\frac{k_2}{m} = n_2 \quad \ldots\ldots \quad 580.)$$

so wird

$$n^2_1\, x + n_2 \frac{d\,x}{d\,t} + \frac{d^2\,x}{d\,t^2} = 0 \quad \ldots \quad 581.)$$

und

$$x = \alpha \cdot e^{-\frac{1}{2} k_2 t} \cos (n^1\, t - \alpha) \quad \ldots \quad 582.)$$

$$n^1 = \sqrt{n_1^2 - \tfrac{1}{4} k_2^2} \quad \ldots\ldots \quad 583.)$$

Da sich $e^{-\frac{1}{2} k_2 t}$ mit der Zeit vermindert, so werden die Schwingungen aufhören. Die Schwingungsperiode ist

$$T = \frac{2\,\pi}{n^1} \quad \ldots\ldots\ldots\ldots \quad 584.)$$

Die Versuche von Bobeth ergeben folgendes Bild:

Bei Vergrößerung der	werden sich die Schwingungen der		werden sich die Geschwindigkeiten der Schwingungen der	
	nicht abgefederten Teile	abgefederten Teile	nicht abgefederten Teile	abgefederten Teile
Fahrgeschwindigkeit	vermindern	vermindern	vergrößern	vermindern
Drücke in den Reifen	vergrößern	vergrößern	vergrößern	vergrößern
Radbelastung	vermindern	vermindern	vermindern	vermindern
Leistung	nicht beeinflußt	nicht beeinflußt	vergrößern	vergrößern
Federdurchbiegung	vergrößern	vergrößern	vermindern	vermindern
Gewichte der unabgefederten Teile	vermindern	vermindern	vermindern	vermindern.

Die Vertikalschwingungen des Rahmens und Triebräder für Vollgummibereifung und Luftreifen sind nach den von Prof. Becker angestellten Unternehmungen in der Abb. 95 dargestellt. Abb. 96 zeigt die Bahndrücke.

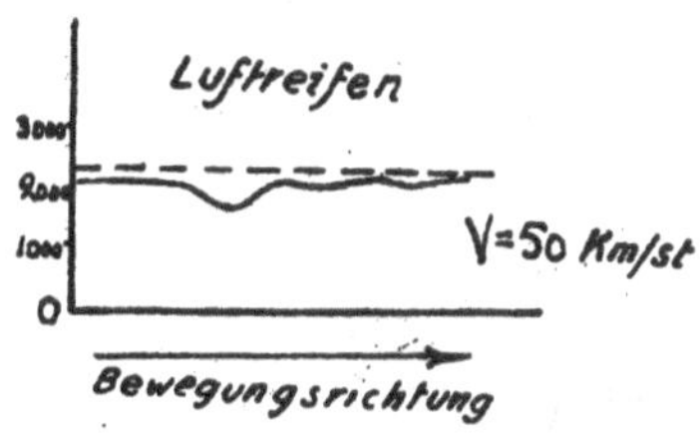

Abb. 96.

6. Gyroskopische Wirkung der Motorwagenräder.

Dreht sich ein Körper mit der Winkelgeschwindigkeit ω_1 um eine Achse AB und diese Achse wieder um die Achse CD, bei einer

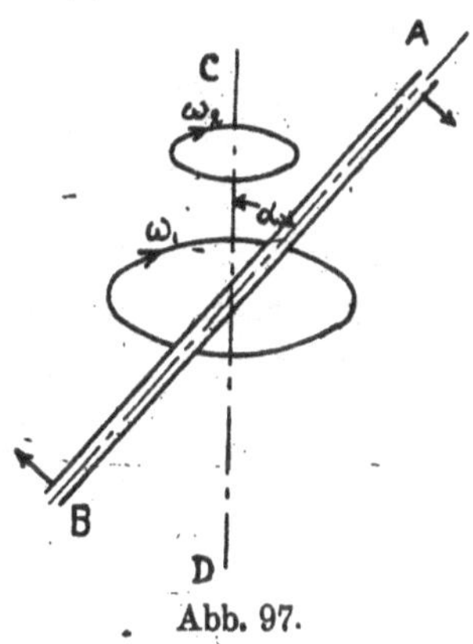

Abb. 97.

Winkelgeschwindigkeit ω_2, so entstehen in beiden Lagern Reaktionskräfte, deren Moment (Abb. 97)

$$M = 4\, J \cdot \omega_1 \cdot \omega_2 \sin \alpha \quad \text{. . . . . 585.)}$$

Bezeichnet ω_1 die Winkelgeschwindigkeit der Motorwagenräder, ω_2 die Winkelgeschwindigkeit des Motorwagens in der Kurve, r den Radhalbmesser, R den Krümmungshalbmesser und v die Geschwindigkeit des Motorwagens, so wird nach Abb. 98, da

$$\alpha = \frac{\pi}{2} \quad \text{. . . . 586.)}$$

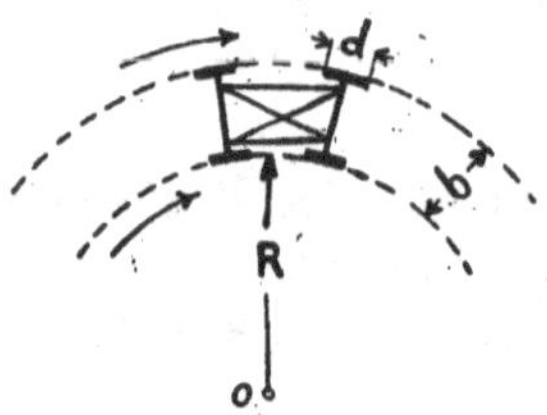

Abb. 98.

und

$$M = 4\, J\, \omega_1\, \omega_2 \quad \text{. . . 587.)}$$

$$\omega_1 = \frac{v}{r} \quad \text{. . 588.)}$$

$$\omega_2 = \frac{v}{R} \quad \text{. . 589.)}$$

$$M = J \frac{v^2}{R \cdot r \cdot 3{,}24} \quad \text{. 590.)}$$

und die Zusatzbelastung der Räder in der Kurve

$$G' = \frac{M}{b} = \frac{J\, v^2}{R \cdot r \cdot b \cdot 3{,}24} \quad \text{. . . . 591.)}$$

Wird beispielsweise das Trägheitsmoment eines Rades

$$J = \frac{\left(19 + 100 \frac{D}{2}\right) \cdot \left(\frac{D}{2}\right)^2}{8{,}5} \quad \text{. . 592.)}$$

so kann diese Zusatzbelastung bis zu 25 % der Normalbelastung ausmachen, wobei eine starke Reifenabnutzung bedingt ist, was ja auch beim Befahren der Kurven meistens der Fall ist.

IX. Die Energieverteilung am Motorwagen.

Die beim Verbrennen des Brennstoffes im Zylinder freigewordene Energie wird wie folgt verbraucht:

I. Im Motor

1. Kolbenreibung . . . . a
2. Lagerreibung . . . . b
3. Kraftbedarf für Zündapparat, Kühlwasser- und Ölpumpen usw. c
4. Kühlverluste . . . . d
5. Abgasverluste . . . . e
6. Verluste durch Auspuffrohr . . . . f
7. Verluste durch Schalldämpfer . . . . g

A

II. Durch das Wagengestell

8. Transmissionsverluste . . . . h
9. Reibung des Vorderrades . . . i
10. Reibung des Hinterrades . . . k
11. Ventilatorwirkung der Räder . . l

B

III. Durch den gesamten Wagen

12. Luftwiderstand . . . . m
13. Beschleunigung und Steigung . . . . . n

C

Die Größe A stellt die Verluste im Motor dar und der thermische Wirkungsgrad wird

$$\eta_t = \frac{u_5{}^6 - A}{u_5{}^6} \quad \ldots \ldots \quad 593.)$$

Die Größe B stellt die Verluste durch das Wagengestelle dar und der Wagenwirkungsgrad wird

$$\eta_0 = \frac{u_5{}^6 - (A + B)}{u_5{}^6} \quad \ldots \ldots \quad 594.)$$

Die Größe C stellt die Mehrleistung dar und der Koeffizient wird für diese

$$\alpha = \frac{e}{u_5^6} \quad \ldots \ldots \ldots \ldots \quad 595.)$$

Wird die Motorleistung in Betracht gezogen, so wird der Gesamtwirkungsgrad

$$\eta'_0 = \frac{f_1 + g_1 + h_1 + i_1 + k_1 + l_1}{Ne} \quad \ldots \quad 596.)$$

wobei die Verluste

in der Auspuffleitung	$= f_1$
im Schalldämpfer	$= g_1$
durch Transmission	$= h_1$
durch Reibung der Vorderräder	$= i_1$
„ „ „ Hinterräder	$= k_1$
„ Radventilation	$= l_1$
„ Luftwiderstand	$= m_1$
„ Beschleunigung und Steigung	$= n_1$

sind.

FSC
www.fsc.org
MIX
Papier | Fördert gute Waldnutzung
FSC® C083411

Zeitfracht Medien GmbH
Ferdinand-Jühlke-Straße 7
99095 Erfurt, Deutschland
produktsicherheit@kolibri360.de